日本酒の世界

小泉武夫

講談社学術文庫

目次

日本酒の世界

はじめに

およそもって、その歴史のなかで酒を持たない民族はほとんどない。今でこそ宗教的戒律などにより、酒を造ったり飲んだりが禁止されている民族でも、その長い歴史のなかには必ずといってよいほど酒は見えかくれしてきた。酒の誕生はその民族の主食や調理法、気候風土といったものがほどよく嚙みあえば可能であるからで、食べものや食べ方に違いがあるのと同じように、それぞれの民族に独自の酒が生まれるのである。

日本でも、大昔から米を使った独自の酒を持ってきた。他に類例のない酘《とう》方式による多段仕込みと並行複発酵という仕込み形式、そしてこれまた独自性の濃い麴菌の応用などは、この国の気候風土と主食の米の調理法が生んだものといえよう。

本書ではまず、日本の酒の発生が、いまだに大陸伝来のものなのか日本独自のものなのかが特定されていない事に鑑み、古代の遺出物や残された資料等を辿って考察するとともに、筆者の学問領域である醸造学的立場から幾つかの実験を試みた。その結果、日本の米の酒はこの国に住む人々の手によって造りあげられた「民族の酒」であるとの考えに至った。次に、この酒が最初の時点で育まれた背景には、農耕の神を中心とした神々への信仰によるところが大きいことを述べ、そして初めは神のものであった酒が次第に人のものに移行していく様子も追っていく。さらに、人の酒になってからは、日本人がいかにこの酒を愛し、そして高度な知恵によって育ててきたかについてもみてみよう。

このようにわれわれの祖先と共に歩みつづけてきた日本酒は、見方を変えれば日本人一人一人の生涯に常につきまとってきた酒でもある。そこで、誕生から葬儀に至る間の数々の人生儀礼を通して、日本人がこの酒といかに係わりを持ってきたかについても述べる。酒というのは飲んで酔うだけのものではなく、社会的な「けじめ付け」の手段としても役立ってきたことも論じることにしよう。

一方、日常生活における酒の嗜《たしな》み方や思い入れは、日本の食文化の独自性をつくりあげる上で少なからず影響を及ぼしてきたと考えられるので、その周辺についても触れてみることにしよう。さらにわれわれの祖先が日本酒に対しいかに愛着と誇りをもって接してきたかについて、酒にまつわるさまざまな競技を例に考察してみることにしてみた。

何といっても酒は眺めて嬉しがるものではなく、飲んで楽しむことに主たる目的があるのだから、それに必要な酒の器について触れておくことは、日本人と日本酒の連繋の緊密さを知る上で不可欠の事象であるので、ここでは多くの写真を載せながら楽しく述べてみたい。

本書から、この酒の周辺がいかに知慧と浪漫に満ち溢れ、日本人と一体性を持って歩んできたものであるかを理解いただければまことに嬉しい限りである。

日本酒の世界

日本語の音声

第一章　日本の酒の誕生

縄文時代中期の復元住居．有孔鍔付土器の発掘があった長野県井戸尻遺跡．縄文中期人はこのような住居に住み，酒も醸していた

漿果酒のこと

われわれの祖先が、最初に酒を口にしたのは一体いつごろの事だろうか。これは諸説紛々で未だ定かにはなっていないが、縄文時代中期には確かに酒を造り、それを飲んでいたという証拠は挙がっている。紀元前四〇〇〇―前三〇〇〇年ごろの遺跡がそれを語ってくれるのだが、中でも長野県諏訪郡富士見町の井戸尻遺跡群からは、実にはっきりとした証拠が出てきている。

昭和二八年八月のこと、この遺跡群の一つである高森新道第一号竪穴住居跡から、比較的大型の土器が出土した。その土器は、それまで発掘された土器とは形も大きさもずいぶん違っていて、口の縁部は平たく大きく、首の部分にはちょうど輪をはめたような鍔《つば》があり、その鍔にはさらに十数個の小さな穴があいていた。これが有名な有孔鍔付土器《ゆうこうつばつきどき》で、形や容量から、初めは雑穀などの貯蔵容器と考えられていた。

ところが、同じような土器がその後幾つか出土し、それらの内側にヤマブドウの種子が付着しているのが発見されたことから、ひょっとすると酒の仕込みに使ったのではなかろうかという考え方が出てきた。確かに、よく見ると胴まわりが後世の酒壺や酒樽のように無理なく膨《ふく》らんでいて、アルコール発酵をさせるのには理想的な形をしている。ほどなくして、これがやはり仕込みの壺であった事を確証する資料が出てきた。有孔鍔付土器が発掘された同じ竪穴遺跡から、飲酒器と思われるカップ状の土器や、神棚への供献資具らしい椀型の土器が伴出したのである。

この有孔鍔付土器は、当時の出土土器の中にあってはきわめて大型で、高さは三三センチメートルから五一センチメートルまでさまざまあり、その容量は五〇―六〇リットル（一升ビンに詰めると三〇本分になる）にも及ぶ。キイチゴやヤマブドウ、コケモモ、ガマズミ、クサイチゴ、グミ、アケビといった漿果《しょうか》類を一度に七〇―八〇キログラムも仕込むことができた。

このように縄文時代中期にはすでに酒が造られていたことがわかったが、さらにそれ以前の狩猟採集文化の時代にも酒があったかどうかになると、意見が分かれる。だが、少なくとも漿果類は豊富であったし、食べものを貯えるという工夫から原始的な器（広葉樹木の葉や樹皮、大きな貝殻、木の幹、大型動物の骨板など）もあったと考えられるので、酒が自然発生する条件は揃っていた。だからヤマブドウのように、古代人たちの貴重な糖質源であった果物は、容器さえあれば、果皮に付着している多数の野生酵母の働きを簡単に受けてアルコール発酵が起こり、酒が出来たはずである。おそらくそのような形で、偶然ながら最初のアルコール含有物が出来上がった。

当時の食糧事情を考えると、このブツブツと発酵しているものを気味悪がって捨てるなどということはありえず、皆で少しずつ口にしたところ、体が温まったり、顔が赤くなった

縄文後期の土器

り、普段と違った情緒感覚が起こったりといった不思議を体験する。それに興味を持つと、今度は意識的に果物を沢山採取してきて器に入れ、また同じようにブツブツと湧いてくるのを待ったのであろう。このように、物語的であれ古代人と酒との出合いを推理していくと、それは不可能でないどころかむしろ無理のない必然ではなかったろうかと思われるのである。おそらく、縄文時代中期以前にも酒は造られていたのではなかろうかと私は考えている。

デンプン酒の発見

中期縄文人は、多汁多肉質の漿果（液果）だけで酒を造っていたのだろうか。実はどうもそうではなさそうな事が起こった。井戸尻遺跡は二十数ヵ所に及ぶ遺跡群から成っているが、その一つの池袋・烏帽子遺跡群にある曾利遺跡五号竪穴跡から、黒く焦げたパンのようなもの五個が発掘されたのである。鑑定したところ、植物名は解明されなかったものの、明らかにデンプンの塊《かたまり》であることがわかった。

とすると、当時すでに炭水化物源としてデンプン質の摂取もあったことになるが、これを有孔鍔付土器の発掘と考えあわせれば、穀物酒の可能性も大いに考えられる。これはまことに意味深いことで、デンプンがあり、器があり、火があり、水があり、そして空気中にはアルコール発酵を司る酵母が無数に浮遊しているとなれば、むしろそこにデンプン酒を考えないほうが無理なほどである。

しかしここでデンプン酒の存否を決めるには、あと二つの大きな問題をクリアしなければならない。第一は、当時どんな植物がデンプン酒の原料になっていたのかということ、第二はそのデンプンをどういう手法によって糖化していたか、ということである。前者は酒の存在を語るにはどうしても避けられない問題で、植物を特定することにより、ようやくその酒の存在がおぼろげながらも見えてくるはずである。

そこで井戸尻遺跡群周辺に広がる広葉樹植林地帯を中心に、どのようなデンプン植物があったかについて調査してみると、クリ、クルミ、シイの実、カヤの実、ナラの実（ドングリ）、トチの実といった堅果類、カタクリ、ヤマノイモ、クズ、ユリの根、ムカゴといった根茎類、アワ、ヒエ、ヨクイニン（数珠玉）などの雑穀と、実に多種にわたることが判明した。このことから、もしデンプンの酒が造られていたのならば、原料は一種に限られたのではなく、混合されたものとみることができよう。

さて、これらのデンプン原料の食べ方または調理法は、酒を造る場合の原料処理にあたる重要なものであるから、その点からも考察してみる必要がある。当時の遺跡からの出土品に石臼《いしうす》や杵《きね》があるのは、おそらく堅果類をまず水に漬け、ふやけたところを石臼と杵で叩いて外皮と内皮を取り除き、中のデンプン質を搗《つ》いて粉にしたのだろう。その粉を水で晒《さら》せば、渋味やアク（のもとであるタンニンやリグニン）を除けることもやがて知ったに違いない。

　根茎は、根や茎を潰《つぶ》して、やはり多量の水の中で晒してデンプンだけを集めたのだろうし、雑穀は搗いてから粉と殻とを風などで篩《ふる》い分けたのであろうが、いずれにしてもこの後は、黒焦げパンの発掘でもわかるように、水で練ってから焼いて食べた。このようにして加熱調理されたということは、酒の原料処理の上からいえば、デンプンのアルファー化であり、カビや酵母の増殖のために不可欠の工程なのである。縄文中期にデンプンの酒があったという可能性は、その原料調達と原料処理の上からは肯定できそうな気配である。

　酒の原料としてのデンプンの存在が可能となれば、次はいかなる方法でそれを糖化したのかということになる。酵母がアルコール発酵を起こす場合、デンプンのままでは発酵できないから、何らかの方法で分解（糖化）し、ブドウ糖にしなければならない。ヤマブドウとかキイチゴのような液果類は、果実中にすでに果糖やブドウ糖が含まれていて甘いから、空気中の野生酵母が落下するとすぐにアルコール発酵が起こり、酒が出来る。しかし、デンプン質の原料では、たとえ焼いたり蒸したりしたところでブドウ糖に変わるわけではないから、酵母は発酵を起こさず、したがって酒にはならないのである。

　ところが古代人は、それまでの酒が甘い液果によってのみ出来るという重要な体験を身につけていたので、デンプン質の食べものをゆっくりと嚙んでいると、次第に甘味を呈するようになるのを見逃しはしなかったのであろう。今なら唾液中の糖化酵素（アミラーゼ）によってデンプンが分解され、ブドウ糖が出来て甘くなったのだと説明するところである。さっそく（デンプン質のものを）口に入れてよく嚙み、甘くなってから容器の中に吐き溜めた。当然、待ってましたとばかりに空気中に浮遊している野生酵母が舞い降りてきてアルコール発酵を引き起こすことになるが、おそらく翌日にはプツプツと炭酸ガスが発生し、三日目ぐらいにはかなり発酵が進んで、酒らしい感じの匂いになったと思われる。これがいわゆる「口嚙みの酒」である。

おそらくこうして、縄文人はデンプン原料の酒を造っていたのであろう。この方法は、植物の根茎や堅果といったデンプン質を多く含むものと簡単な器さえあれば、その他は特別何も必要とせずに酒が出来るのであるから、あるいは液果と同様、縄文以前の先土器時代（旧石器時代）にもあったのではなかろうかという推測も成り立つ。

口嚙みの酒がわが国の古代でのみ発生した酒でないことは、この酒が東アジア一帯や東南アジア、南太平洋地域から中南米にかけて大昔から分布し、環太平洋地域の離島などには比較的近年まで伝承されていたこ

「𤭯」（はぞう）とも呼ばれる縄文土器の一種．広口の上部に孔が幾つもあいており，多分，濁った酒のようなものを濾したのではなかろうかと推測されている

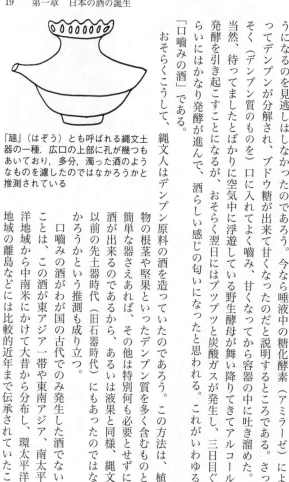

弥生中期の土器

とでもわかる。おそらく、穀物以前の含デンプン質植物を常食していた各地域で自然発生したものと、主として南方系の根菜栽培民族から伝播したものとが入り混じって、このように広範囲な分布につながったのであろう。

稲の渡来と酒造り

こうして、縄文中期までの酒は主として果物の酒と、堅果、根茎、雑穀のデンプンを利用した口嚙みの酒であったという大方の予想はついたが、縄文晩期の遺跡から、今度は陸稲《おかぼ》の籾《もみ》の発見例が多いのも注目に値する。これは、弥生期における低地水稲耕作に先立って陸稲耕作が行われていたことを示すものといえようが、デンプンを多量に含む米の登場と、それまでの口嚙みの酒の存在を考えた場合、そこにはすでに米を使った口嚙みの酒が誕生していたとみるのはごく自然な気がする。

陸稲は、焼畑農耕を伴った後期照葉樹林文化が西日本を中心に展開されたとき、豆や麦などに混じって渡来してきたものであるという背景を考えると、おそらくその酒は焼畑で造られた陸稲酒であったろう。しばらくして紀元前三—前二世紀ごろ、東南アジアから中国の江南（揚子江以南の地方）、朝鮮半島を経て北九州に栽培植物としての水稲、つまり籾種《もみだね》とその耕作に慣れた人たちが渡来してきて稲作が始まった。弥生文化の幕開けであるが、その文化の伝来はまた、水稲による米の酒の登場へとつながり、そのまま水稲農耕とともに日本各地に伝播していった。

なお、大陸から稲が入ってきて稲作農耕が始まったのは弥生時代から、というのがこれまでの学説で、筆者もそれにもとづいてここではそのように記述したが、実は本書執筆中の平成四年八月、青森県で北海道大学考古学班の手によって日本最古と思われる米が発見された。

青森県八戸市是川にある「風張《かざばり》遺跡」の竪穴式住居の床面からの七粒の米がそれで、カナダ・トロント大学の、放射性同位元素を使った最新鋭の年代測定装置による測定で、縄文時代後期（約三〇〇〇年前）のものであることがわかった。定説では、稲作は縄文時代晩期後半（約二五〇〇年前、弥生時代直前）に九州北部に伝わり、その後北に広まったとされていたが、本州最北部での今回の発見は稲作がその五〇〇年以上も前に本州全域に伝播していたことを示すもので、これまで学会を二分するほど大きな論争となっていた「縄文農耕説」を立証、補強する大きな材料となった。

同時にこの遺跡からはアワやヒエも発見された。アワやヒエは全国のさらに古い遺跡からも発見されており、もしこれら雑穀と一緒に米も栽培されていたものなら、さらに古い年代にまでさかのぼることになろう。いずれにしても米は日本列島の南から北へ伝播していったものであることを考えれば、最北端の青森に到達した三〇〇〇年前よりもさらに古い時期に九州北部に伝わっていたことになり、日本における米の酒の発生もそれに合わせて考えなければならない。

口嚙み酒を造る

私の教室で口嚙み酒を実際に造ってみたことがある。大学院生進藤斉君が学部の女子学生三人に蒸した米を嚙んでもらい、それを唾液とともにフラスコに吐き溜め、自然発酵させたのである。弥生時代初期の米は、木臼と竪杵で搗いていたので、玄米からの糠の除去率は五%くらいではなかったかと推定して、精米歩合九五%の米を使った。

蒸した米を口の中で嚙んでいると、およそ四分後にヨウ素デンプン反応（デンプンが存在しているとヨウ素と反応して紫色を呈するが、デンプンがブドウ糖に変わってしまうとその反応が消える）が消失した。このことは、唾液に含まれているアミラーゼが、予想していた以上に強い力を持ったものであることを示す。その力は、麴菌の造るアミラーゼや麦芽に含まれるアミラーゼに比べ、そう遜色のないものであることがわかった。発酵によって得られたアルコールと酸度については二三頁の表に示したが、一〇日も発酵を続けると九%ものアルコールが生成されたのである。これは今のビールの二倍もの濃度である。

それと同時に酸度も九・八ミリリットル（乳酸として約〇・九%）も出た。かなり酸味の強いものである。ブドウ糖は、アルコール発酵が開始されるまでは唾液のアミラーゼの作用で増加していたが、発酵開始と同時に減少していく。しかし、八日目あたりからブドウ糖の減少、アルコールの増加が鈍っているのは、おそらく、生成されたアルコールと乳酸のために、発酵する酵母の活動が弱ったためであろう。このまま一〇日以上発酵を続けても、酒はさらに酸味を強くするだけになると思われる。

口嚙み酒の実験

日数	アルコール(%)	酸度 (ml)	ブドウ糖(%)
1	—	—	12.8
2	—	1.8	14.2
3	0.8	3.0	14.9
4	1.4	4.3	14.1
5	3.6	5.3	12.0
6	5.3	6.3	8.8
7	6.9	7.7	7.2
8	7.6	8.4	6.7
9	8.1	9.1	5.9
10	9.0	9.8	5.0

方法

6月中旬，3人の女子学生に1人100gの蒸米をゆっくり嚙んでもらい大きなビーカーに吐き溜めてもらった．口の中に入れた蒸米を嚙む時間は4分間．フラスコは屋外に放置して発酵させた

観察結果

3日目までは甘い香りがした

4日目頃より発酵を始め，やや酸臭がするようになった

5日目では旺盛に発酵し酸臭も強くなる．ガスを含んで膨れる．ガス抜きの後，さらに発酵を続けたが，その後は膨れは見られず，ゆっくりと発酵しているためかガス発生はあるが肉眼的に大きな変化はなかった

感想

「口嚙み」作業は大変である．3分間，嚙みつづけるのも，何か本を読みながらなど，気を紛らしながらやらないと結構苦痛となる．なおも続けると，頭，特にこめかみに痛みを感ずるようになり，「ああ！　これが〝こめかみ〟なんだ」と，こめかみの語源，由来らしき状態を実体感できる．4分間，一所懸命に嚙みつづけるとほとんどペースト状となり，もう嚙めない

この実験では、口嚙み酒のアルコール度数は一〇日目で九％、酸度は九・八ミリリットル、糖分五％で、ちょうど甘口の酒にヨーグルトを混ぜたような、今日の酒とは似ても似つかないものであった。口嚙み酒の風味については、江戸末期の『成形図説』に、神前に供えるために造ったときのこととして「味甚ダ美ニシテ、酒色ハ潔白ナリ」とある。この記述から は白い甘酒のようなものがみえてくるが、江戸時代末期には、すでに水車などを使って酒米を上手に搗《つ》いており、神に供えるという意味もあって、かなり白い精白米が口嚙み酒に用いられていたと推測される。

ところで口嚙み酒の時代、実際に米を嚙む作業をしたのは、神前に供するとの理由から、これまでいわれてきたように汚れを知らぬ少女（処女）や神に仕える巫女《みこ》といった女性だけだったのだろうか。その辺りのことを探ってみたところ、八世紀初頭の『大隅国風土記』の「くちかみの酒」の条に「男女一所に集まりて、米をかみて、さかぶねにはき入れて」とあって、ここに語られているかぎりでは、女性に限られていたという見方は必ずしも当を得ていなかったということがわかった。口嚙みの作業をする役には処女があてられていたとの記述は『魏志』の「東夷伝」にみられるが、この風土記では男性も嚙んでいるし、また『古事記』（上巻・仲哀天皇の段、気比の大神と酒楽の歌）には「この御酒《みき》を　釀《か》みけむ人は　その鼓《つづみ》　臼《うす》に立てて　歌ひつつ　口釀《くちか》みけれかも」とあって、性別を特定していない。

これらの古文書は、口嚙み酒造りの様子を記述した文献としては最も古いものとされており、それ以前の事は知るすべもないが、あるいはそれより後に女性だけが口嚙みの作業をするようになったのかもしれない。というのは、わが国の一部においては、麴での酒造りができるようになってからも、祭りで神前に供する神酒、あるいは神殿での儀式酒には口嚙み酒が使われ、それを造るのはいずれも女性によって引き継がれてきたからである。比較的近年まで口嚙み酒が続いていた、北海道紋別付近のアイヌの熊祭りや、沖縄本島、トカラ列島の宝島、先島《さきしま》列島の石垣島や波照間島などでの呪術的祭事でも嚙み役はいずれも女性で、男性は決して嚙むことはなかった。

体験者は語る

さてここに自ら口嚙みの酒造りを体験した宮城《みやぎ》文《あや》さん（故人）という女性の貴重な手記を紹介しておこう。宮城さんは少女時代、石垣島で口嚙み酒造りに参加した方で、この手記は八四歳のとき（一九七六年）にその体験を回顧して日本醸造協会に寄せたものである。まず、当時の石垣島の神事と口嚙み酒のことについて少し触れておく。

石垣島を含む先島列島では、豊年祭を盛大に行う風習がある。そのときに欠かせない酒が「嚙《かん》ミシ」（神酒）である。嚙ミシは普通は「ミシ」とも言い、神仏に供えるときには「ミシヤグ」と言っていたようだが、とにかく口嚙み酒のことである。米で造ったものは白色で「銀《なんちゃ》ミシ」、粟《あわ》や黍《きび》でのものは黄色で「黄金《くがに》ミシ」、赤蜀黍《あかもろこし》でのものは赤色で「赤い花ミシ」と呼んでいた。村ごとに行われる豊年祭のとき、村人たちは収穫したばかりの新穀でミシを造り、神仏にミシャグを供えながらその前でミシを飲み、「ミシャグパーシ」という儀式を行っていた。

神事以外でも、家の新築、墓造り、田植え、稲刈り、麦刈りなど多人数を要する行事の際にもミシをふるまう習慣があった。これらの社会風習を思い浮かべながら、宮城文さんの手記をじっくりと味わってほしい。

実は私も小さい頃、ミシを噛んだ経験があるので思い出すままに書くことにする。

或る日、親戚の叔母が墓造りのミシ作りに私の姉を頼みに来たことがある。そばで聞いていた私が「私もミシ噛み人数に入れて下さい」と頼むと、叔母は「あなたはまだ小さいから、大きくなってからね」といいすてて相手にもしてくれない。が、「私も噛みたい、噛みたい」とせがむので、私をつれて親戚の者にお願いして、やっと人数に入れてもらうことができた。私が大変よろこんで、姉様方なみに服装を整えると「まあ可愛いこと。それでも一人前かな」とカナシ姉さんが私を抱いて、上へ持ち上げるのである。おばあさんは「鳥にさらわれないように皆で守ってあげてね」といって私の頭を撫でて下さった。やがて大きな木の陰でミシ噛みが始まった。定量の水を入れた水槽を囲んで、三人ずつ一組になって両方で噛むのである。側には芭蕉の葉を敷いて山盛りに飯

宮城文さんが経験した口噛み酒「噛ミシ」の造り方

(1) 噛む人

ミシカン人《ビイトウ》（本土でいう造酒童子《さかつこ》）は歯の丈夫で健康な妙齢の女性を選ぶ．ミシカン娘たちは塩でていねいに歯を磨き，毛髪を整えて鉢巻をしめ，清潔な白い着物にたすきがけでミシカン作業にかかる

(2) 材料

(イ) 2Lの粳米《うるち》を硬めに炊いた飯

(ロ) 0.2Lの粳米の生の粉（米を水に漬け，水を切ってから粉にしたもの．カンギという）

(ハ) 5.5Lの水

(3) 造り方

(イ) 水槽に定量の水を入れておいて，一口ずつ飯を噛んで水に吐きだす

(ロ) カンギ（生米粉）も(イ)と同じに行う

(ハ) 一通り噛んだら，水底に沈んでいる半潰しの粒を摑んで再び噛む

(ニ) 噛んだ材料を石臼で碾《ひ》き，篩で濾す

(ホ) かめに詰めて蓋をして発酵させる

(ヘ) 日に3回掻棒で掻き混ぜる

(ト) 3日目に飲むのが適当とされ，4日目になるとアルコール分は強くなるが，各人の好き嫌いもあるので好みによって三日ミシ，四日ミシなどといって飲む．女は三日ミシを好んで飲んだ

を盛り、芭蕉の葉で被われた大ざるが置かれている。それを鉢に小分けして噛むのである。いよいよ噛み始めて沈黙が続いた。五口、六口までは何気なく人並みに噛んだものの、塩で磨きすぎて傷めた歯茎がとても痛い。でも自ら願い出たからにはと子供心にも勝気な私はじっとがまんして噛み続けたのである。皆が疲れ気味になってくる頃、当家の叔母さんは山フニン（シィーカーサー）という小粒のごく酸っぱい蜜柑を二つ割りにして盛った皿を手に「これを見なさい酸っぱいでしょう。後でたくさんあげるからね」と側に置いて立ち去った。なる程そのおかげで口汁（唾液）が出て元気付き少し噛みやすくなった。次はカンギという米を水に漬けて粉にしたものを噛むのであるが、からからしてなかなか噛めるものではない。噛んでも噛んでも口汁は出ないし、蜜柑を見つめても今度はその利目《ききめ》がない。水で噛んではいけないと知りながらも少し水を含んでは噛み、やっと生米を噛み終ったのである。口直しが欲しくて、漬物か、あの蜜柑切れが食べたくて仕方がない。時々おばあさんが来て「後で御馳走するから頑張ってね」というだけである。やれやれというところへ次はまた一通り噛んだ水底に沈んでいる半潰れの粒を再び噛まされるのであった。それも人並みに噛んでどうにか全うしえたのである。九歳にしかならない私が十四〜十五歳の姉様方を相手にミシ噛みを全うしたあのけなげさが今では不憫にさえ思えてならないのである。話すことも、歌うことも出来ないだんまり、だんまりの無言の行である。それに同じ物を二〜三時間も噛み通しで、しかもその嚙んだものは一口でも自分の喉《のど》に飲み下すことの出来ない辛《つら》さ。歯は疲れ、口は荒れ、顎は痛むというミシ嚙みの厳しさと辛さは忘れることの出来ない思い出である。このようにミシ嚙みの作業は辛く難儀なことではあったが、反面それは嚙み手にとっては誇りであり、喜びでもあったのである。それは数多くの女性の中から健康で、清潔感のある女性として選ばれたことを意味するからである。又このようにして出来たミシを飲む男達はきまって「このミシは誰が嚙んだのか」と聞くのであった。そしてたまたま、その嚙み手が自分の意中の女性か恋人、あるいは血縁のある年頃の愛らしい乙女たちであったときには、殊においしく飲んでいたのである。

麴酒の登場

米が渡来し、それで口嚙み酒が造られていた時代、日本の酒造りの方向を決定するほど画期的な技術革新が起こった。麴による酒造りの登場である。空気中に浮遊していたり、稲藁《いなわら》などに付着している麴菌は、煮た米や蒸した米に漂着すると、そこで胞子を出芽させて菌糸を造り、さらに多くの胞子を着生させながらどんどん増殖していく。その過程で、麴菌は盛んに酵素、とりわけアミラーゼを多量に生産し、それを体外に分泌して米麴内に残すから、米のデンプンは糖化されてブドウ糖に変わる。

甘いものであれば（酵母がこれに作用してアルコール発酵を引き起こし）酒になること

「口噛み」という、辛くてきつい作業から解放してくれた麹菌の正体（写真：(株)ビオック提供）

は、体験的に知っていたから、この驚くべき発見は当時の人たちを歓喜させたに違いない。辛かった口噛みの作業が不必要になったばかりでなく、麹を造ればそれに応じて大量の酒を醸すこともできたし、何といっても酒質は格段に向上したからである。

麹酒の登場は、漿果酒《しょうかしゅ》や口噛み酒をまたたく間に脱落させる結果となったが、それがいつごろだったのか、正確にはわかっていない。稲の栽培が始まってそう遅くない時期に麹での酒造りが発生し、口噛み酒と併存したという説や、紀元前三—前二世紀ごろに渡来してきた稲作農耕文化の中の水田造り、播種《はしゅ》、育成、収穫、貯蔵といった水稲技術に混じって、米の調理法または利用法もセットとして持ち込まれ、そこに麹の造り方もあったという説などがある。

だが、カビの力を借りて穀物のデンプンを糖化する酒造りは、東南アジアの照葉樹林地帯を中心に中国、日本、朝鮮半島を含む東アジア一帯、ネパール、チベット、ブータンなどにも及ぶ広い地域で見ることができ、その中で東アジアに位置する日本の麹は、他の麹酒文化圏の麹と比較してみるとそのタイプを大きく異にする独特のもの——たとえば、日本の麹が散麴型《ばらこうじ》なのに対し、他の麴酒文化圏の麴はその大半が餅麴型《もちこうじ》であることや（三六頁参照）、日本ではコウジカビで麴を造るのに対し、他国は主としてクモノスカビで造るなどの明確な相違――であるのは、日本民族の酒の源流を考える場合きわめて重要な論点となる。

このことについては後述するが、いずれにしても、米が造られ、これが全土に伝播していったことは、奈良県唐古《からこ》遺跡での籾種の入った土器の発見や、宮城県桝形囲《ますがたがこい》貝塚や青森県垂《たれ》柳《やなぎ》遺跡からの水田跡の発見などで明らかであり、そこからは当然、米を原料にした酒造りも全国に拡散していったことが推測される。そして、「いかなる民族でもそこに存在する穀物酒は主食と深く関係する」という法則を考えた場合、しばらくして米の扱いに慣れた日本人が、加熱調理した米に麴菌が着生したもの（麴）を見逃しはしなかったはずだし、その麴で酒造りをしていたことは当然考えられる。

おそらくその初めは、梅雨《つゆ》時のようにカビの活動が最も活発となる時期、器にとっておいた飯に麴カビが着生して麴が出来た（今でも神棚に供えた餅に容易にカビが生えるように）。たまたまそこに、雨漏りか何かで偶然に水が加わると、そこでアミラーゼが働き、糖化が起こってブドウ糖が出来る。すぐさま酵母が発酵を開始してそれまでの口嚙み酒に似たようなものが出来上がった。ほのかに酒の匂いがしてくるのに弥生人は気づき、麴酒を知るきっかけとなったのかもしれない。それをヒントに次はまったく同じようなことを意識的に繰り返してみたところ、前と同じように酒が出来たと考えれば、弥生時代の比較的早い時期、すでに麴による酒が造られていたという可能性はそう無理なく推測しうるのではあるまいか。

それというのも、海外における酒の発生も、ほぼこの例に似ているからである。各民族に伝わる酒の製造法の多くは、その民族の主食の加工法や食法と絶妙に関係しているもので、紀元前四〇〇〇—前三〇〇〇年、人類文明最古の地で大麦を主食にしていたチグリス、ユーフラテスの民はすでに今日のビールの原形である、大麦の麦芽を使った麦酒造りをしていたのである。メソポタミアで発掘された「モニュマン・ブルー」と呼ばれる板碑にその様子の図が描かれていて、楔形文字で説明されている。

このときの最初も、主食の大麦が何らかの理由で水を被り、そのままにしておいたら芽が出てきた（麦芽の誕生）。すると麦のデンプンは麦芽の持つアミラーゼによって分解され、麦芽糖に変わって甘くなった。これを捨てるなどは勿体ないので、パンにしたのかもしれないしそのままであったのかもしれないが、とにかく器の中に入れておいたら、そこに雨水が入り酵母がやってきてアルコール発酵を起こした。すなわち「麦芽の酒」の誕生で、こうした推測は、時代も、地域も、民族も、原料も異なるけれども、わが国の麴の酒の誕生の場合とどうしても似てきてしまうのである。このような考えからいくと、米の扱いに慣れたわが民族の祖先たちは、気候風土にも助けられながら、日本列島のあちこちで麴での酒造りを発生させ、またそれを伝播させながら拡散していったのではないだろうか。

左：「モニュマン・ブルー」（バビロニア，紀元前3000年）．右：ビールを飲む古代エジプト人（紀元前2700年）

ところで、米麹を用いた酒造りが登場した最初の文献は、和銅六年（七一三年）に播磨国（今の兵庫県西南部）から録上した『播磨国風土記《はりまのくにふどき》』である。宍禾《しさわ》郡庭音《にわと》村の地名説話に「大神の御粮《みかれい》沾《ぬ》れて梅《かび》生えき　すなわち酒を醸《かも》さしめて　庭酒《にわき》を献りて宴《うたげ》しき」（神様に捧げた強飯《こわめし》が濡《ぬ》れて黴《かび》が生えたので、それで酒を醸し、新酒を神に献上して酒宴を行った）とある。まさしく米麹による酒造りであるが、これはあくまでも文献に登場した麴酒の初見であって、この風土記が録上された時代をしてこれがわが国最初の麴酒の登場であるという説を採用してよいのかどうか。醸造学的立場からみれば、実は麹の成立はもっと以前でも可能であったはずである。

というのは、ここに記してある「御粮《みかれい》」とは強飯《こわめし》、つまり蒸した米のことで、それを造るためには、甑《こしき》、つまり蒸し器が必要となる。ところが、甑はすでに縄文時代晩期後半あたりにも出土しているし、その上、水稲と共に米の調理具として大陸型のものが渡来してきていた（和歌山市鳴神音浦出土）から、弥生時代前

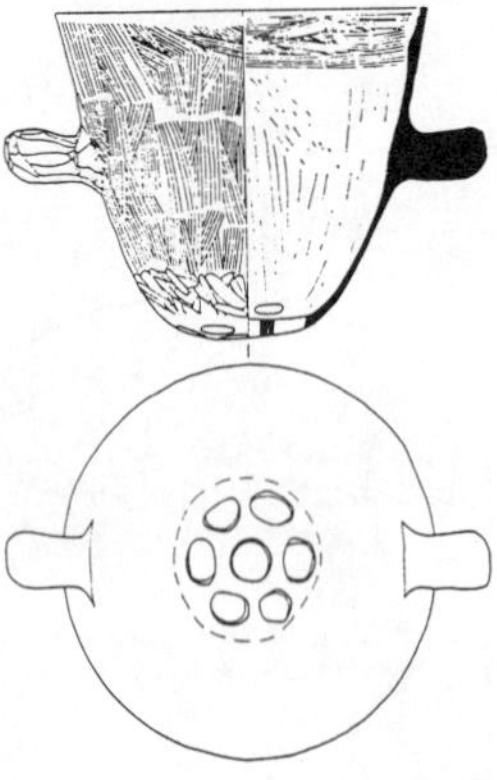
和歌山市で出土した甑．高さ22㎝，径25㎝（『日本醸造協会雑誌』）

期は甑の使用は当り前のことであるからである。

当時の米の調理法は蒸した強飯主体であって（それよりもっと古い時代には蕗《ふき》の葉や樹皮などに包んでから火で焙《あぶ》ったり熱灰の中に入れたりして焼いて食べた）、今日のように水と米を一緒に炊く方法は、後の世になって、炊飯用の釜や器の進歩にともない貴族間で始められたという。万葉の時代、山上憶良が『貧窮問答歌』の中で「竈《かまど》には火気《けぶり》ふき立てず　甑《こしき》には蜘蛛《くも》の巣懸《か》きて　飯炊《いいかし》ぐ事忘れ」と詠んでいるのをみても、当時米を調理するのに甑が使われていたのがよくわかる。ところが、甑を使うということ、すなわち蒸すことによる強飯であったということは、最初の米麹の出現にとって実に重要な意味を持っている。それは以下に述べるような、筆者が試みた簡単な実験により明らかになった。

米を焼いたもの、蒸したもの、煮たものの三種を用意して別々の碗に入れ、室内に放置しておく。三日目には、蒸した米の表面にはカビが旺盛に繁殖し、ほのかに甘い匂いがしてきた。ところが煮た米では、一週間ほど経つとカビが来ないどころか細菌《バクテリア》がクリーム状の薄い膜を造って繁殖し、腐った納豆のような異臭を放った。さらに焼いた米に至っては、何の微生物もやって来ないことがわかった。実験は何度繰り返しても結果は同じである。

　その最大の理由は三種の加熱米の水分の差にある。煮るというのは一〇〇℃という温度で水中で加熱されることであり、蒸すというのは一〇〇℃に近い温度で水の蒸気と触れることであり、また焼くというのは数百℃という高い温度で水を介在させずに加熱されることであるから、それぞれの場合での間には大きな水分含有量の差が出る。ところで、微生物の繁殖には、生育環境の水分量が重要な影響を及ぼす。水分が多すぎたり少なすぎたりしてはならず、微生物の種類によって最適な水分含量の範囲があるのである。

　そこで三種の米の水分量を測ってみたところ、煮た米は約六五％もの水分を含んでいたのに対し、蒸し米では三七％、焼いたものでは一〇％以下と、大きな差があった。麴カビの繁殖には、三五―四〇％が最も理想的な水分活性領域で、この数字は蒸した米の水分含有量と見事に一致しているのである。私のこの実験で、蒸した米にだけ麴カビがやってきたのはそのような理由によるのであって、今日私たちの生活にあっても、正月に神棚に捧げた餅（餅は蒸した米で造る）が数日間でさまざまなカビに被われてしまうのもその例である。

　以上のようなことから、陸稲がすでにあったり水稲が新たに入ってきたりして、それを甑で蒸した強飯を食べていた縄文後期人や弥生初期人がいて、そこに麴カビが絶好とする湿度の高い気候風土が加わったとすれば、麴が出来ないほうがむしろ不自然であって、したがってそれを用いた酒造りが行われていたとしても不思議ではないのである。そのことが八世紀の『播磨国風土記』にまで記述をみなかったのは、麹利用の酒造りが完成されるまでには、その後もさまざまな試行錯誤が日本のあちこちで繰り返されていたことを物語っているのではないかと考えているのだが、さていかがなものであろうか。

日本の麹と酒の独自性

麹を使った酒は中国大陸、朝鮮半島、日本を含む東アジア一帯や東南アジア全域のほか、ネパール、チベット、ブータンといった山岳民族にまで広く分布している。麹のことを中国大陸では「麹《チュイ》」、台湾では「粬《カ》」と呼び、朝鮮半島では「麯子《コッジャ》」といい、またインドネシア、マレーシア、ベトナムでは「ラギー」と呼び、タイでは「ルクパン」であり、フィリピンでは「ブボット」、ネパールでは「ムルチャ」と呼ばれながら、それぞれの国に独自の民族酒を提供する立役者となっている。ところがこれらの国々の麹を比べてみると、そこには面白い違いがみられる。日本を除くアジア各国の麹（麹食文化圏はアジアにのみ存在している）は多くが「餅麹《もちこうじ》」タイプであるのに対し、日本の麹は「散麹《ばらこうじ》」タイプなのである。

餅麹と散麹の比較

	餅　麹	散　麹
原　料	大麦,小麦,高粱,粟,米など	米,小麦,大豆
原料処理（蒸煮の有無）	生（無蒸煮）	蒸　煮
種麹の有無	自然発生	種麹撒布
形　状	塊	粒　体
主要なカビ	クモノスカビ	麹　カビ

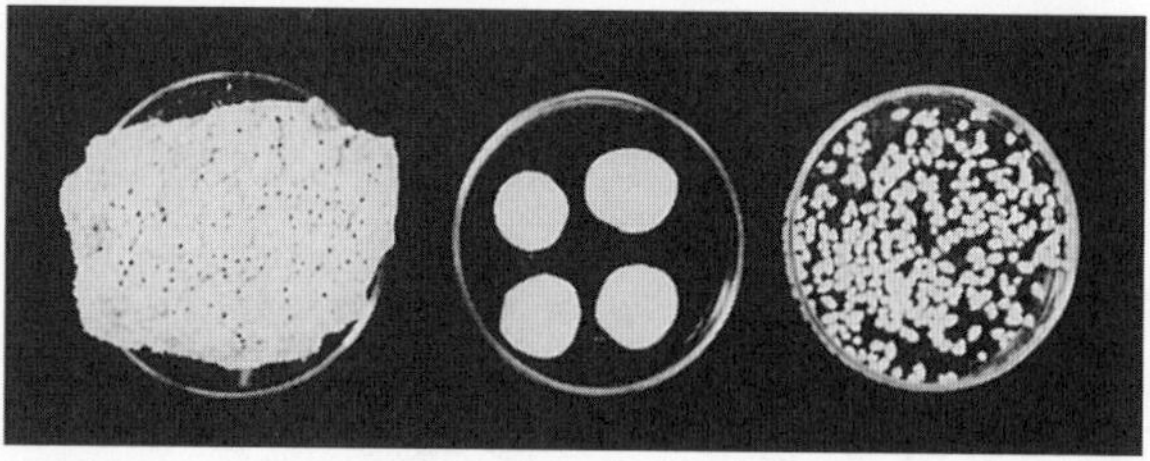

散麴（ばらこうじ）と餅麴（もちこうじ），左は中国の麯（チュイ），中央はインドネシアのラギーでいずれも餅麴タイプであるのに対し，右の日本の麴は散麴タイプである

餅麹とは、麹の原料となる穀物（主として麦類や高粱《コウリャン》）を粉にしてから水で練り、これを手でこねて団子型や餅型、煎餅《せんべい》型に成型して、加熱せずに生のままで室《むろ》（麹をつくるための部屋）に入れ、カビを繁殖させて麹とするものである。これに対して散麹は、原料（酒の場合は白米、醤油や味噌の場合は小麦や大豆）を粉にせず、そのまま粒の状態で蒸してから、これに麹カビの胞子（種麹《たねこうじ》）を撒《ま》いて室に入れ、この麹カビの繁殖によって麹を得るものである。餅麹は一般に小型の餅のような形をしているのでそう呼び、散麹はバラバラの粒状であるのでこう名づけられたが、日本の麹だけが散麹であるのは実に興味をそそられるところである。そしてこのことは、日本の酒造りの源流を知る上できわめて重要な意味を持つものであると私は常々考えていた。

なぜ日本の麹が散麹であり、他のアジアの国々の麹は餅麹なのであろうか。この辺を明らかにすれば、日本酒はこの国独自に発生した「日本民族の酒」と位置づけることができるかもしれない（これまで、日本酒は大陸から酒造りの技術が入ってきて造られたという説と、この国独自に発生したという説があって決着がついていない）ので、これについても私の研究をまじえながら述べることにしよう。

先にも触れたように、民族の酒の製造法は、多くの場合、その民族の主食の加工法や調理法に一致するものである。この観点からすれば、米を粒で食べる粒食民族日本人は散麴の酒を持ち、小麦や高粱を粉体とし、包子《パオツ》、饅頭《マントウ》、麵《ミエン》のように焼いたり蒸したり煮たりして食べる粉食民族の中国では餅麴の酒を持つというのも、当然のことのような気がする。しかし、広い中国のことであるから南のほうでは粒食する地域もあるし、朝鮮半島や東南アジアでは粒食も粉食もあるから、一概には言えまい。

そこで一歩進めて、日本の散麴の発生は、他の国々とは別個に、米の粒食とともに日本特有の湿潤な気候と相俟って自然発生的に起こったと解したらどうであろうか。だとすると、その製造法は気候風土と微生物発生状況、そして主食調理法などが巧みに融合した形で、そこに日本人の独創性が加えられて事が成され、民族の酒の誕生に至ったということになりはすまいか。その点をさらに詳しく知るためには、なぜ日本の散麴が麴カビ（アスペルギルス）であり、大陸の餅麴がクモノスカビ（リゾープス）であるのかという、微生物の生態的視点から解明すれば、あるいはその核心に迫れるはずである。

そこで私は二つの実験を試みた。その一つは先に述べた実験で、湿度と気温の高い六月を選んで煮米、焼米、蒸米（強飯）を放置しておいたところ、強飯にのみカビの発生が著しく、それらのカビは麴カビが圧倒的に多いことを知った。これは、強飯には選択的に麴カビの繁殖が起こること（強飯への麴カビの自然発生）を意味する。その理由をさらに追究したところ、含有する水分量の違いと蒸すことによって米のタンパク質の一部が熱変性を起こし、クモノスカビが分解しにくいものへと変わってしまったために増殖しにくくなっている（カビはタンパク質をそのまま栄養源として摂取することはできず、これを分解してアミノ酸としてから体内に取り込むのである）反面、麴カビはその変性したタンパク質を何の苦もなく分解して、旺盛に生育できるということがわかった。

二つ目の実験はこうである。餅麴を造る場合、原料の小麦や高粱を粉体とし、これに水を加えて練ってから無蒸煮のまま麴室でカビを発生させることから、あるいは麦類や高粱といった餅麴圏の原料には、自然界での栽培の段階ですでにクモノスカビが多量に付着しているので、それを生かすために原料の加熱処理をしていないのではなかろうかと推察した。そこで、実際に収穫したばかりの麦穂からカビの分離を試みたところ、圧倒的に多くのクモノスカビの存在が確認されたのである。麦穂一〇〇ミリグラム（耳かきほどの小さな杓《ひしゃく》に一盛りという少量）当たりクモノスカビの胞子が平均二万個であるのに対し、麴カビはたったの二〇個と、実に一〇〇〇倍もの大差であった。これは、最初の推測を裏付けるものである。

これに対し、稲の穂で同じような実験を行ってみると、そこには非常に多くの麴カビが生息していたが、クモノスカビはほとんど検出されないことも判明した。麹カビの学名は明治九年（一八七六年）に、東京医学校（東京大学医学部の前身）の御雇教師であったヘルマン・アールブルクが *Aspergillus oryzae* と命名したのであるが、この *oryzae* は稲の学名 *Oryza sativa* にちなんで名づけたものである。稲と麹菌との関係は当時から注目されていたものであった。

以上二つの実験から、米を蒸して散麹によって酒を造るという今日の日本酒は、昔から蒸した粒状の米を食べていた日本人の独創性と、この国の気候風土とが造りあげた民族の酒と推論した。もしこれまでの多くの説のように大陸からカビ糖化法が持ち込まれ、それが今日の日本酒につながったとすれば、その製造法は必然的に今もアジアの国々の麹酒に共通する餅麹法、すなわち原料を粉体にして無蒸煮のままで麹を造る方法が行われていて然るべきであるが、それとはまったく異なる、粒のままで米を蒸し麹を造ることについてはどう説明がつくのであろうか。ましてや大陸の影響を受けたとすれば、その麹を造るカビはクモノスカビでなければならぬのに、麹カビであることはどういうことであろうか。

ここに示した二つの実験こそ、散麹を使う日本の酒が、蒸した米を主食としていたわが民族による独創物であることを語ってくれているのではあるまいか。主食と深く関係する原料とその調理法、気候風土、さらにそこに生息する固有の微生物、そしてその酒を造る民族の発想によって、酒の造り方や風味はおのずと決まるものなのである。

第二章　神の酒から人の酒へ

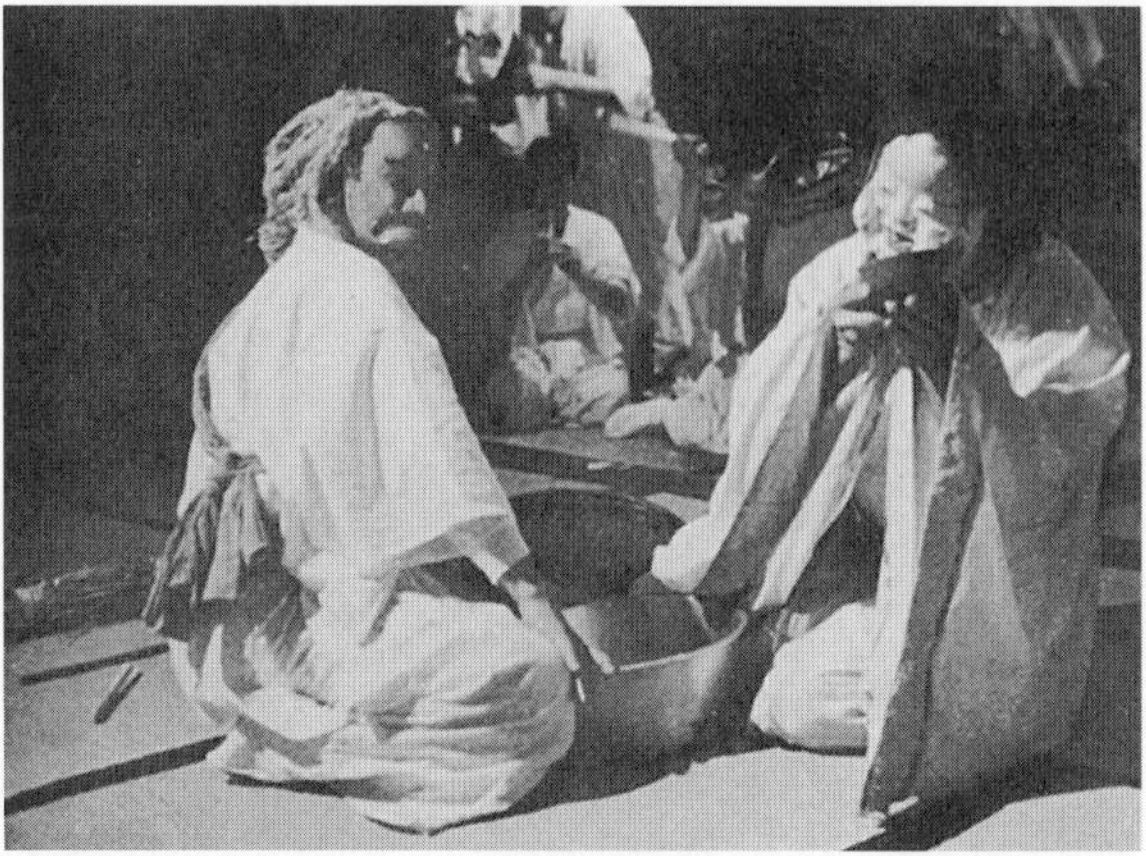

日本各地の神社の中には，今でも神話にもとづいた酒にかかわる御神楽が舞われているところもある（宮崎県．『日本醸造協会雑誌』）

一、神の酒、人の酒

神に捧げる酒

どの民族でもそうであるが、原始社会において衣、食、住の知恵を身につけると、生活上の必要性や仲間意識から次第に集落に集まって生活するようになり、そこに原始的な国家の形成をみる。この集団《コロニー》生活がさらに組織化されると、「神」という絶対的シンボルを中心に祀りあげて結束をはかるという経路をたどるのが常である。何事をするのも神の前で祈り、誓い、そして畏敬をもって感謝し、生贄《いけにえ》を供えてその恩返しをした。

そんなときにタイミングよく酒が登場すると、それまでに経験しなかった陶酔感を味わうことになる。現実を超越する神秘と捉えて、わずかな間だが一歩神に近づいたと錯覚すら起こしてしまうのである。するとしばしば神―宗教的儀礼―酒を結びつかせることになり、神に供えていた生贄や血は酒に代るのである。

特に酒の原料は農耕と深く結びついていたから、酒を持ついずれの国でも酒の神は農業の神であり、収穫の神でもあって、そこから神と酒と民衆が一体となった収穫の神事も数多く伝承されてきたのである。日本の神々の多くは、農耕と深いつながりを持って崇められ、特に水稲耕作に密着しながらそれを基盤とした庶民の強い信仰によって存立してきた神であるので、御神酒《おみき》を神前に欠かすなど考えられないことであった。

　これを裏返してみると、酒造りは神事の神聖かつ重要な一部として位置づけられることになる。清らかな湧水を仕込み水として、強飯で加無太知《かむたち》（または加牟多知《かむたち》とも書き、麹のこと。加無＝加牟はカビの意、太知＝多知は「立つ」の意で「カビ立ち」すなわち麹となる）を造り、それを甕《かめ》に仕込んで酒が出来るのを待った。神に捧げるのであるから、腐ったような汚れた酒ではならず「味酒《うまざけ》」である必要があったから、農作物の豊穣を祈るのと同じく、神の手を借りて成果を期待したのである。神に供えるからばかりでなく、せっかく収穫した貴重な穀物が腐らないようにとの願いを込めて、丹念に酒を醸しつつ祈ったのであろう。

　こうした背景から日本各地に酒造りの神社ができたり、酒の神様が祀られたり、また神の酒のことが記述されたりするのは弥生時代後期のことである。神吾田鹿葦津姫《かむあたかしつひめ》（木花開耶姫《このはなさくやひめ》）が醸したという「天甜酒《あめのたむさけ》」（『日本書紀』の日向《ひむか》神社の条）や、「八甕酒《やはらのさけ》」「毒酒《あしきさけ》」（いずれも『日本書紀』の大蛇退治の条）、「八《や》塩折之《しおおりの》酒《さけ》」（『古事記』の「出雲神話」の内、大蛇退治の条）などの酒が続々と現われる。

　『日本書紀』『古事記』とも、これらの酒とともに稲作を語り、蚕を述べ、鉄器や鏡などを登場させていることから、その話の時代は弥生時代の中期あるいは遅くとも後期であることに疑いはなく、その時代にさかのぼって神の酒が語られていることは、「神―人―酒」を結ぶ線が予想以上に古くから出来上がっていたことを示しているものである。だが、酒はそれよりもずっと以前から飲まれていたし、すでに部族は誕生していたのであるから、記述こそないものの、それよりもさらに前にこの縦の線が出来上がっていたとみるほうが妥当であろう。

天甜酒と八塩折之酒

さて、その当時、神に捧げた酒とは一体どんなものだったのだろうか。それを知るために「天甜酒《あめのたむさけ》」および「八塩折之酒《やしおおりのさけ》」について述べることにする。

「天甜酒」は『日本書紀』（巻第二・神代紀下）「一書第三」の条に、大山祇神《おおやまずみのかみ》の子である神《かむ》吾田鹿葦津姫《あたかしつひめ》が「（狭名田《さなだ》の）稲を以《も》て、天甜酒を醸《か》みて 嘗《にいなえ》す、又渟浪田《ぬなた》の稲を用《も》て、飯《いい》に為《かし》きて 嘗《にいなえ》す」と語らうところに登場してくる酒である。天甜の「天」は神の世界、天界上の意で「この上なき」という意味、「甜」は「甘くて美《うま》し酒」の意味、「嘗」は新嘗の神事（新米でつくった御飯《みけ》と御酒《みき》を天地の神に供え、神前で神と共飲共食する）のこと、「狭名田」は神に捧げる稲を造るために占いによって白羽の矢の立った田のこと、「渟浪田」はドロドロの土に水が張ってある田（水田）のことである。したがって全文の意味は「神の田でとれた新米で造った天甜酒と、水田の新米での飯とを神に供御して神祭を行った」というものである。

蒸した米（強飯）で麹を造り、須恵器（大陸系技術による素焼の土器）に汲水《くみみず》（原料水）

と共に投入して仕込んだはずであるが、あえて「甜酒」としたほど相当に甘い酒であったようだ。おそらく汲水に対して麹の使用量をかなり多くしていたに違いない。それだけ水を詰めた仕込みであると、糖化によって得られたブドウ糖の濃度が高くなり、その浸透圧のために酵母の生理が抑えられ（濃糖圧迫）、旺盛にアルコール発酵はできなかったはずであり、反面、そのような環境に強い乳酸菌は活発であって乳酸を生成していただろうから、「天甜酒」は微弱のアルコールを持った甘酸っぱいトロリとした酒であったと考えてよいだろう。

それにしても、今日まで続いている新嘗祭や大嘗会が制度化されたのは大宝元年（七〇一年）であるから、それよりもはるか以前の弥生期、すでに酒がこのような神事にとり入れられていたことは、いかに古くから農耕儀礼の中で酒が重要な役割を担っていたかを物語るものである。

八岐大蛇《やまたのおろち》を退治する神話に登場する酒は『古事記』では「八《や》塩折之《しおおりの》酒《さけ》」、『日本書紀』では「八醞《やしおおりの》酒《さけ》」と「毒酒《あしきさけ》」である。「八」は多くの数を表し、「塩」は強く舌に感じさせる味のことで、つまり濃い味の意、「折」は繰り返して仕込むことで、すなわち「八塩折之酒」とは「何度も何度も繰り返し仕込んでいった味の濃い酒」のことである。また「醞」とは「重ねて醸す」の意で、この「八醞酒」もまた「八塩折之酒」と同じような酒とみてよい。

大蛇は「可畏《かしこ》き神」と恐れられ、人にとっての仇となっていたので、この荒ぶる神の力を鎮めるためには、通常のものでは効き目がなく、幾度も繰り返して仕込んで、大蛇も驚くほどの濃い酒が必要だという考えから、このような酒の登場となったのであろう。

その造り方だが、『日本紀私記』（平安時代）に次のような記載がある。「或ハ説ク 一度醸熟シ 其ノ汁ヲ絞リ取リ其ノ糟ヲ棄テ 更ニ其ノ酒ヲ用テ汁ト為ス 亦更ニ之ヲ醸ス 此ノ如キコト八度 是レ純酷ノ酒ト為スナリ」。すなわち、まず飯と麴と水で濃い目の酒を造り、これを搾って粕を取り去り、その酒に再び飯と麴を加えて酒とし、またそれを搾って得た酒に再々度飯と麴を加えて酒を造り、その酒を搾って……と、仕込みを何度も繰り返して濃い酒を得るというものである。

一度出来上がった酒を仕込み水の代りにして、さらに仕込んでいく、いわば酒で酒を造るのであるから、たしかに濃醇な酒になるはずである。このような酒を以てはじめて大蛇を酔い潰すことができるという考え方そのものが、当時の人たちの神への畏敬の深さと、神と人を取り持つ酒の重要さを語っているのではなかろうか。

毒酒とは何か

同じ『日本書紀』の中に、もう一つミステリアスな酒として登場するのが、「毒酒《あしきさけ》」である。やはり大蛇を退治するときの酒で、「毒酒を醸《か》みて飲ましむ、蛇酔ひて睡る」とある。

毒酒については幾つかの解釈があるが、一番多いのは荒ぶる神大蛇を退治するために毒を入れた酒のことなのだ、というものである。

しかし本当にそうなのかどうか。神と人との間に介在する酒という神聖なものに毒を入れて、荒れる神を毒殺するという解釈は、どうも私には受け入れ難い。大陸的な考えでこそあれ、あまりにも日本的でないからで、この場合は「神と酒」の本義および日本神話の持つロマンをそのまま生かして、「濃厚な酒を飲み過ぎて睡ってしまった大蛇にとって、まさに命とりの酒」であったという意味での「あしき酒」としたいが、いかがであろうか。

今日でもそうだが、出雲地方の山間地には「荒神さま」と称する大木があって、その根元には大蛇に似せた太くて長い藁縄が巻きつけてある。祭りのとき、人はその前に御神酒を供えて祭儀をする。これは荒神さま（荒ぶる神）の前で神と人と酒とが一体となることにより、台風や豪雪などによる自然災害の根源を断ち、村を平和にしてもらうためなのであって、荒神は決して殺さないものなのである。「毒酒」を毒入りの酒と解するのは、神と人と酒の一体性に宿る本義を忘れた、後世的解釈として退けてよかろう。

大蛇神楽．勇壮な神話の世界が山中でくりひろげられる（撮影：藤川清）

酒の神々

水稲耕作と密着し、庶民の信仰によって存立してきた神々が酒とは切っても切り離せない間柄にあることを述べたが、ここでは酒にまつわる神の系譜について少し触れてみることにしよう。ただし、このことに関しては歴史学的にも古文献学からも奥深い調査と論考を必要とするので、本書でそれらを網羅することは到底不可能なことである。その点は「酒と神」についての権威者である加藤百一博士の一連の論文（『日本醸造協会雑誌』第七三―七四巻に連載された「酒と神社」シリーズ、同誌第七六―八〇巻に連載された「続・酒と神社」シリーズ）に委ねることにして、ここでは『古事記』や『日本書紀』の記述を参考に、酒造りに関係の深い神社とそこに祀られている神々の系譜について述べることにする。

『古事記』および『日本書紀』には、酒にかかわる数多くの神が登場する。有名なところでは天照大神《あまてらすおおみかみ》や須佐之男命《すさのおのみこと》、大国主命《おおくにぬしのみこと》などあるが、『古事記』での系譜からいうと、酒造りの祖神である酒解神《さけとけのかみ》と酒解子《さけとけのみこ》は、父に酒弥豆男神《さかのみつのおのかみ》（伊邪那岐命《いざなぎのみこと》）、母に酒弥豆女神《さかのみつのめのかみ》（伊邪那美命《いざなみのみこと》）を持つ大山津見神《おおやまつみのかみ》（大山祇神）とその娘神阿多都比売《かむあたつひめ》（『日本書紀』では、神吾田《かむあた》鹿葦津姫《かしつひめ》＝木之花佐久夜毘売《このはなさくやひめ》＝木花開耶姫）である。

酒解神である大山津見神は、本来、山を司る神であるが、山から湧き出る水も司り、その水は水田で稲を育み、また農作物を収穫させるので農耕神でもあった。酒解子の神阿多都比売は、「狭名田の稲を以て天甜酒を醸みて嘗す」と語った神であり（『日本書紀』）、女神も酒

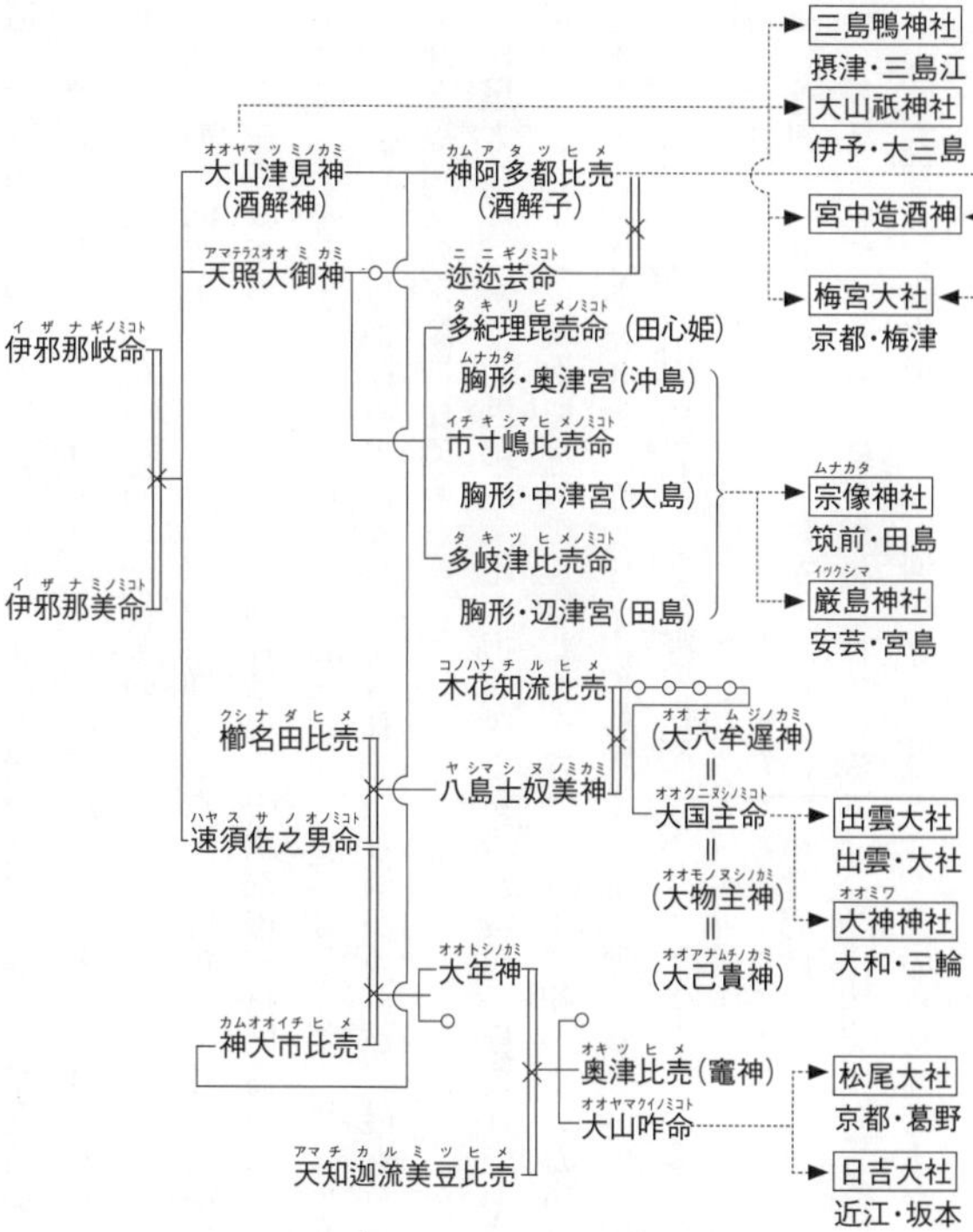

『古事記』が語る酒神の神系（『日本の酒の歴史』）

造りの神祖であったのに、日本酒の醸造現場ではつい近年まで女性が酒蔵に入って酒を醸すことは絶対にタブーとされてきたのは、歴史がどこでどうとり違わせたのか興味のあることだ。実際古代では、女性が酒造り作業の主役でもあった。

酒解神と酒解子というこの二柱の酒神は、六―七世紀の神社や宮中の酒殿における主神として祭祀されていたが、その後、両神は現在の京都市右京区梅津にある梅宮大神宮の主神として祀られている。『古事記』や『日本書紀』に登場する神は、酒と何らかの関わりを持ち、いずれも今日神社の主神として祀られている例が多いが、最も有名なのが、京都の松尾大社と福岡県の宗像《むなかた》神社である。

松尾大社は、六―七世紀の文化の担い手であった秦氏一族の社であるが、秦都理《はたのとり》が大宝元年（七〇一年）に現地に神殿を建立したとき、それまで祀っていた市杵嶋姫《いちきしまひめ》に加えて、須佐之男命の孫神にあたる大山咋命《おおやまくいのみこと》も主神に祀った神社である。この大山咋命は『古事記』に「近淡海国《ちかおうみのくに》の日枝《ひえ》の山に坐《いま》し　亦葛野《かずの》の松尾に坐し……」とも語られていて、今の滋賀県大津市坂本町の日吉《ひえ》大社の主神でもあった。

宗像神社に祀られているのは多紀理毘売命《たきりびめのみこと》、市寸嶋比売命《いちきしまひめのみこと》（この神は七〇一年に松尾大社から勧請されて、そちらにも祭祀されている）、多岐津比売命《たきつひめのみこと》の三女神で、『古事記』によると天照大神と須佐之男命が天安河《あめのやすかわ》で誓約《うけい》したとき、天《あめ》の真奈井《まない》の水が「気吹《いぶき》の狭霧《さぎり》」となって、その中から生まれた女神たちである。

天照大神は、多紀理毘売命を沖島の奥津宮に、市寸嶋比売命を大島の中津宮に、田寸津比売命（多岐津比売命）を田島の辺津宮にと、それぞれ玄界灘の要地に配して大陸方面を結ぶ航路の神としたが、三女神が酒神といわれた所以は、彼女らが神酒造りを含めて司祭的役割を担っていたからである。推古元年（五九三年）に宝殿や回廊が建立され、後の一二世紀には平家一門の守護神であった厳島神社（広島県）も、この三女神を祭神としている。

奈良県桜井市三輪町の大神《おおみわ》神社（三輪明神）も酒神様として名高いが、ここでは大国主命《おおくにぬしのみこと》を祭神として祀っている。大国主命は別の名を櫛甕魂命《くしみかたまのみこと》といい、櫛は奇＝久志＝酒のこと、甕は瓫《みか》＝甕＝酒の容器の意である。この三輪明神ではもう一人の酒の神として少彦名神《すくなびこなのかみ》も祀っているが、この神のことについては『古事記』の「酒楽歌《さかほがいのうた》」に「酒の司　常世に坐す」とあり、まぎれもなく酒神である。

出雲大社も大国主命を祀っているが、この神は大国玉神、大物主神など七つの名を持ち、縁結びの神、農耕の神、酒造りの神として広く崇拝されている。その出雲大社では、今日でも神供に用いる御神酒を古式に則り醸造しているので、ここでは収穫された新米を使い、一一月二三日の古伝新嘗祭《こでんしんじょうさい》に供御されるその酒の醸し方について述べておこう。

新嘗祭の酒

新嘗祭《にいなめさい》という収穫祭に供される酒は、杵築《きづき》大社（出雲大社の旧名）の「御供儀式次第」や

出雲大社本殿．縁結びの神，農耕の神，酒造りの神として昔から庶民に崇拝されてきた

「古伝新嘗祭祭式次第」に「宮司御飯及醴酒を載せた膳を……」とあるように「醴酒《ひとよざけ》」（れいしゆ）のことである。その醸し方は、祭りの二日前に造られた麹を容器に入れ、これに同量のお粥状に煮た米を混ぜて仕込むという、まことに簡単なものである。仕込みの温度が一五℃と低い上に、たったの二日間という発酵なのでアルコールはほとんどなく、今日の甘酒のようなものである。

この酒は今では新嘗祭にだけ用いているが、出雲大社に伝わる古文書によると、昔は同大社の祭事の酒はすべてこの醴酒であったといい、また稀に「玄酒《ごすい》」という酒も造って供御したという。この玄酒という酒がいかなる酒であったのかは不明であるが、あるいは玄米のまま仕込んだのかもしれない。

出雲大社では、この新嘗祭の酒のほかに五月一四日の例大祭をはじめとして多くの礼祭があり、また毎日多くの神棚に御神酒を供えることもあって、一日平均約一リットルの神酒を必要とするという。したがって、その用途の酒も毎年二月末日に仕込んでいるが、このときも古式に則ってとり行われ、この酒造りに関する一切は祭儀課が司って祭事の一つとしている。

仕込み場所は大社の中の「御供所《ごくうしょ》」と呼ばれるところである。祭事の始まりはまず、境内の拝殿西方にある御饌井《みけい》という井戸の前での御水取りの儀である。早朝、装飾され神饌が供えられた御饌井の前で、舞台に正座した宮司が祝詞《のりと》を奏上し、次に神子《みこ》たちが打ち鳴らす琴板と神歌に合わせて宮司は神舞（百番舞）を奉じるのである。こうした儀式の後、御饌井から水が汲まれ、その水は神饌用の水として洗米や仕込み水に用いられる。

一方、米を蒸したり炊いたりするには火を必要とするため、その神火を採る儀式も行われる。その方法は、火燧臼《きりうす》（檜製《ひのき》）と火燧杵《きりきね》（卯木製《うつき》）を強く擦《こ》すり合わせ、摩擦によって生じた火を採火するというもので、わが国最古のこの発火法により得た清浄な火が原料を調理することになるのである。最近の仕込みの実例を示すと、仕込みの配合は蒸米一五九キログラム、麴五七キログラム、汲水《くみみず》二五九リットルで、初添《はつぞえ》と留添《とめぞえ》という二段仕込みで行い、約二〇日間発酵させる。アルコール度数一八・五%、日本酒度（＋）五度という辛口の酒三八八リットルが出来上がった。

ちなみに、現行の酒税法によると、アルコール度数が一%以上の飲料は酒類とみなされて税金が課せられることになっている。そこで、「出雲大社の神様の飲む酒には税金が免じられているのですか」という質問が時々あるが、実はやはり一般市販の酒と同じく課税されているのである。神様の酒に人が税金を課すとは、まことに愉快なことである。

二、風土記と万葉の酒

集宴の酒と禁酒令

これまでの酒は、神と人を介するものとしての「神のための酒」の性格が濃かったが、寧《な》楽《ら》に都が決まり、街に市が立ち、官人が朝廷に勤めだし、寺院が次々と建立されて僧が忙しく立ちまわり、農民は自給自足の生活を強いられはじめた頃、すなわち飛鳥から奈良時代後期に至る約一三〇年にかけて、酒は「人のための酒」としての方向を歩みはじめる。

この時代、飛鳥人はさまざまな風土記に酒と人との関わりやエピソードを語り、万葉人は当時の生活や酒のことを『万葉集』に歌い残していったが、それらの記述をみる限り、当時すでにかなり多くの機会や場所で「集宴の酒」が酌み交わされていたことがよくわかる。古代天皇制国家を確立しはじめたという政治的背景もあって、宮中では天皇を中心に貴族、官人が相寄って宴を催すことも必要であった。

酒を介した賜宴《しえん》が頻繁に行われ、支配階級と官人とのコミュニケーションの場としても重要であったため、賜宴の後には引出物《ひきでもの》まで伴ったことは多くの文書の語るところである。天平二年（七三〇年）正月一六日の宮中宴会では「短籍《ひねりぶみ》」（福引き札のようなもの）を配り、それぞれに「信」「智」「礼」「義」「仁」の五文字を記しておき、「信」を引き当てた者には絁《あしぎぬ》（下等布）を与えた上布一反、「智」には並布、「礼」には綿、「義」は糸、「仁」には（『続日本紀』）とある。

この当時、庶民の酒はその大部分が神前で嗜《たしな》まれた集宴であり、個人で飲むということはあまりなかった。一堂に会して飲むことにより、社交酒として社会性を持つ酒となった。ここではすでに、それまでの「神と人を結びつける酒」という考え方のほかに「人と人とを結びつける酒」の性格も色濃く帯びてきている。

酒はこうして、大いに群飲されていくことになり、特に農民を主体とする庶民層においてそれが顕著となっていった。飲む機会も、神事礼祭（直会《なおらい》）のみにとどまらず農耕儀礼（田植や収穫）、冠婚葬祭、共同作業の御苦労会と広がっていく。時には役所から思いがけない給酒があったりすると、持ち寄って賑やかに宴を張ったりしていたのだが、そのうちに、「官《つかさ》にも　許し給へり　今夜のみ　飲まむ　酒かも　散りこすなゆめ」（『万葉集』）という歌まで出てくる。この歌は、「今、群飲禁止令が公布されているが、近親の二、三の者ばかりで小宴を持つぶんには差し支えないと、その筋の許可を得ていますので心配には及びません」というのに応えてのもので、禁酒令が出るほど、庶民の間で酒が飲まれていたことがわかる。

ここで禁酒令のことがでたので少し触れておこう。わが国で禁酒令や酒造規制令といったものが発布された最初は、大化二年（六四六年）三月甲申《きのえさる》（二二日）の「薄葬《はくそう》の詔」（『日本書紀』「孝徳紀」）である。その趣旨は「農作業の忙しいときにはもっぱら耕作に努めて、美味しいもの、たとえば酒や魚を摂るのは止めること」というものである。しかし、禁酒令にかかわる文書などを見る限り、それらの令は絶対服従の厳しいものではなく、届け出ることで飲酒が許されたという結構なものだったようである。

禁酒令がその後、天平四年（七三二年）、同九年（七三七年）、同一八年（七四六年）、天平勝宝元年（七四九年）、天平宝字二年（七五八年）、延暦九年（七九〇年）、大同元年（八〇六年）、昌泰三年（九〇〇年）と何度も発布されていることをみても、庶民はそれらの禁酒令をよそ目に、酒によって横のつながりをますます深めていったことがわかる。農民を主とした庶民が堂々たる酒盛りができたのは、何よりも水耕農業の伝統を汲む農耕主体の社会であったので、いくら役所が飲酒規制令を出したとしても、農の神を祀る行事や直会では大義名分が通ったからである。

万葉の酒造り

ところで飛鳥や奈良時代、それらの酒は一体どのような方法で造られ、またどんな酒であったのだろうか。実はこの時代、酒造りの技術はそれまでの方法がさらに改良されて、かなり水準の高いものにはなっていたが、今日の日本酒の造り方とは大きく異なるものであった。酒質も現代のものとは比較にならないほど味の濃い酒であった。

まず原料水では、『播磨国風土記』に「酒《さけ》の泉《いずみ》」、『豊後国風土記』に「酒水《さかみず》」、『常陸国風土記』に「新井《あらい》」（「井」とは水汲み場のこと）などと酒を仕込むための水の取水場が記されているのが目につく。当時すでに、酒造用水の重要さに気づいて、水を選んでいたことがうかがえる。多くの風土記から、良い井水を語る言葉の出現頻度を数えて、当時の基準を推測すると「清、浄、冷、氷、寒」となり、「清く澄んでいて濁りがなく冷たい」というのが醸造用水として最適だとしていたようだ。これらの点は、今日の日本酒の仕込みに要求される条件と共通である。

次に原料米はどうであったろうか。『尾張国正税帳』（天平六年）によると赤米を使ったと書いてあるが、主体は粳米《うるちまい》（凡米《ただまい》）と糯米《もちごめ》であった。この米を脱穀、精米するために竪臼と竪杵で搗《つ》き（精米歩合は九五％くらいではなかったか）、箕《み》で殻と米を分けた。

その醸造法だが、まず米を浸漬し、水切りした後甑《こしき》で蒸し、これを麴室《こうじむろ》に運んで種麴《たねこうじ》をふりかけ、麴を造る。種麴は、前回に出来た麴の一部をとっておき、これに胞子を多く着生させた「友種《ともだね》」または「友麴《ともこうじ》」を使ったと思われる。麴が出来ると、酒甕《さかがめ》に水、麴、蒸した米（場合によっては煮た米）を加え、そのまま発酵させる一段仕込みの酒であった。水の量が少なく、蒸米と麴の量が多い仕込みであったので、出来上がった酒は非常に甘味の濃厚な酒であった。また水の代りに酒を用いてさらに幾度もそのような仕込みを繰り返してもいたので、その濃厚さは今日の味醂《みりん》以上のものであった。

この仕込み法は、多くの風土記に記されている当時の基本型であって、酒の目的や種類によってその仕込みの配合（水、麹、蒸米の割合）を変えていた。なお、今日の初添《はつぞえ》、仲添《なかぞえ》、留添《とめぞえ》といった多段仕込み法が行われだしたのは、中世寺院の酒造りで「諸白《もろはく》」が登場してからのことである（第三章）。こうして甕《かめ》の中で一〇日間という短い期間発酵させてから直ちに飲用としたので、アルコール度数は低く、きわめて甘い（仕込み配合を見ると、水に対して麹と蒸米の使用歩合が極端に多いため）酒質だった。

仕込みに用いられた容器は、その大半が五―八世紀に阪南窯址群で造られた「甕《もたい》」（かめ）または「瓱《みか》」と呼ばれる大型の須恵器《すえき》で、今日でも奈良県天理市の石上神宮で拝見することができる。高さと胴の周りが共に約一メートルもあり、容量も一〇〇―三〇〇リットルと大型であるから、酒の大量生産と貯蔵にはうってつけの器であった。

酒粕と上澄み

『万葉集』で大伴旅人が、

　価なき宝といふとも一杯の濁れる酒にあに益さめやも

と歌った濁れる酒は、おそらく布か笊《ざる》で簡単に濾した白濁した酒であったが、同じ『万葉集』に出てくる山上憶良の有名な「貧窮問答歌」での酒の歌には、

風雑《まじ》へ　雨降る夜《よ》の　雨雑《まじ》へ　雪降る夜《よ》は　術《すべ》もなく　寒くしあれば　堅塩《かたしお》を　取りつづしろひ　糟湯酒《かすゆざけ》　うち啜《すす》ろひて　咳《しわぶ》かひ　鼻びしびしに　しかとあらぬ

とあって、糟湯酒であった。

この酒は、濁り酒を布か笊で濾したときに出来る粕《かす》（糟）を湯で溶かしたもので、酒の味と香りはほんの微かにしか残っていない代物である。その酒を塩の肴《さかな》で飲んだということで、なんとも侘しい歌である。塩を肴にして酒を飲むのは古くからの習慣であったらしく、弘法大師の「御遺告《ごゆいごう》」の中にも「酒は是れ治病の珍　風除の宝なり　治病の者には塩酒を許す」とあり、「塩酒」を許している。枡酒の端のほうに塩を載せて、それを肴に飲《や》るのは江戸からの習慣で、これを今も楽しむ人がいるのは面白い。

万葉の糟湯酒に似たものは、その後のいつの時代でも行われていた飲酒法で、江戸初期に、

賤《しず》の女《め》や袋洗ひの水の汁

という句もある。当時、酒の本場の伊丹で伊丹流俳陣を張っていた鬼貫《おにつら》の句で、酒造りの盛んな季節、新酒を搾ったときの粕袋を洗う水を近所の女房たちがもらって帰り、亭主に飲ませるという、貧しいがほほえましい情景句である。今はもう、こんな風景を見ることはできなくなったが、第二次大戦後のしばらくの間、酒屋から酒粕を買ってきて、湯で溶いて飲んだ人も少なくなかった。奈良時代の酒の飲み方が比較的近年までこうして伝わっていたのは、それぞれの時代の世相が演じさせた質素な知恵によるものだったのだろう。

この濁り酒に対して、飛鳥板蓋宮《あすかいたぶきのみや》跡出土の木簡に見られる「須彌酒《すみさけ》」、『播磨国風土記』に出てくる「清酒《すみさけ》」などは、いずれも濁酒を目の細かい絹篩《きぬぶるい》で濾してから静置し、そこで得られた上澄の酒のことで、濁りのない清く澄んだ酒であった。朝廷や高級官人が大いに好んだものであったが、この時代すでにこういう澄んだ酒があったのであるから、「澄酒（清酒）発明の起源説」として江戸時代の『摂陽落穂集《せつようおちぼしゅう》』や『嬉遊笑覧《きゆうしょうらん》』『北峰雑集《ほっぽうざっしゅう》』など多くのものに語られている鴻池《こうのいけ》挿話は否定されてよい。

この挿話とは、慶長年間、浪花の鴻池氏の酒蔵で、蔵人の一人が主人への腹いせに濾す前の酒が入っている桶の中に灰を投げ入れたところ、その酒はかえって澄んできれいになり、それを江戸に出したところ大評判になって巨富を築いたというものである。これが今日の澄酒または清酒の始まりだという説となったのだが、今述べたとおり、そういう酒はすでに飛鳥、奈良時代にあったのであるから、後世に創作された話として片づけてよいのである。

三、『延喜式』と朝廷の酒

桓武天皇の平安奠都《てんと》から鎌倉幕府成立直前までの、いわゆる平安時代は、それまでの奈良文化が成熟しきって、その波紋がそのまま広がり朝廷を中心としたさまざまな文化の創造につながった四〇〇年ということができる。優美な情趣を旨として「もののあはれ」を主潮とする貴族的文学が生まれ、『土佐日記』『枕草子』『今昔物語』『源氏物語』『伊勢物語』と今に残る文学作品が次々に出されたことにみるように、この時代はまた「文言文化」の最盛期でもあった。文学のみならず、当時の生活の様子や宮廷の為来《しきたり》などを後世に残すための記録が盛んに書かれたのもこの時代で、その代表が『延喜《えんぎ》式《しき》』であり『令集解《りょうのしゅうげ》』であった。

『延喜式』の第四〇巻に出てくる「造酒司《さけのつかさ》」は、当時の酒を造る役所のことで、宮内省に属し、造酒正《さけのかみ》以下佑《たすく》一人、令史一人、酒部《さかべ》六〇人、使部《つかいべ》一二人、直丁《あたり》一人の合計七六人の官人が就いていた。仕事の内容は、「酒ヲ醸シ、醴、酢ノ事ヲ掌」とあり、醴酒《あまざけ》や酢も造っていたが、中心は何といっても酒造りであった。この巻には一五種の酒の仕込み方法、酒造の時期、酒造用具、原料米の使用高、年間の製造高などが詳細に述べられており、当時の酒を知

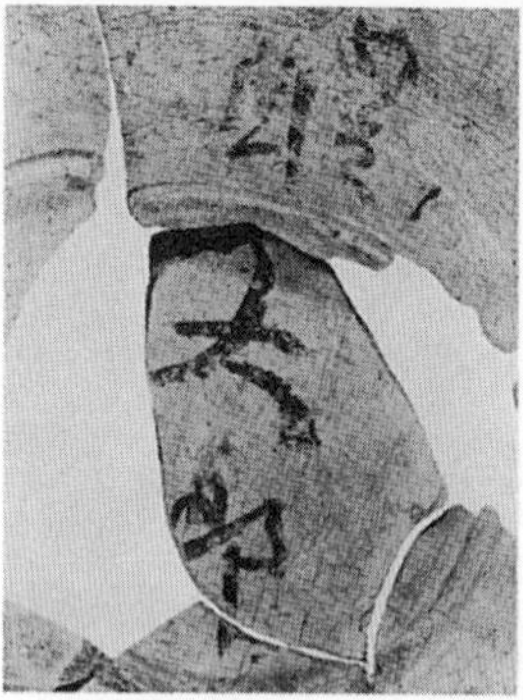

「醴大郎」と墨書された平城宮跡から出土した食器の破片．醴酒は極上の甘味の濃い酒で，酒好きが戯れ書きしたものであろう（『日本生活文化史』）

るのに重要な手掛りを与えてくれる。

一方、『令集解』が書かれたのは『延喜式』とほとんど同時代の平安初期（延喜年中の九〇一年から九二三年）で、惟宗直本《これむねのなおもと》の撰による。大宝元年（七〇一年）の「大宝律令」と、それより一〇年後に改定された「新律令」（「養老律令」）について注釈し、多くの学者の意見や解釈をつけ加えながら官制や格式などについて集大成した書で、当時の朝廷の酒を知ることができる貴重なものである。

多様な酒造り

この二つの古文書をみると、当時の酒造りは、新米の納入が終わるのをみて、大体一一月ごろから行われていたが、酒の種類も多かったことから夏にも造られていた。造酒司での年間の製造量は使用酒米量で九〇一石九斗、これを酒にすると約六二四石、一升ビンに換算して六万二四〇〇本、現行リットル数では一一二キロリットルとなる。一ヵ所の蔵としてはかなりの量が造られていたといえる。

酒造米には、諸国から徴収した現物租税としての庸租米《ようそまい》が充てられており、「御酒《ごしゅ》」や「醴酒《れいしゅ》」のように特別に上等の酒を造るときには、畿内に管理していた正税田や省営田の稲が使われていた。造られていた酒の種類はきわめて多いが、「御酒糟《ごしゅそう》」「雑給酒《ざっきゅうしゅ》」「新嘗会白《しんじょうえ》黒二種料」「釈奠料《しゃくてん》」の四種に大別される。「御酒糟」は「御酒」「御井酒《ごいしゅ》」「醴酒」「三種糟」「擣糟《すりそう》」の五種、「雑給酒」は「頓酒《とんしゅ》」「熟酒《じゅくしゅ》」「汁糟《じゅうそう》」「粉酒《こざけ》」の四種、新嘗会用の酒は「白貴《しろき》」と「黒貴《くろき》」の二種、「釈奠料」は「醴斉《れいし》」と「醠斉《おうし》」の二種で、合計一三種の酒が造られていた。今日の日本酒が本醸造酒、純米酒、吟醸酒など六―七種ほどであるのに比べると、このような時代、目的によってすでにこれほど多種の酒を造りわけていたのには驚かされる。まさに多様化の時代だったといえる。

上級酒と並級酒

「御酒糟」には上等な酒が入り、中でも「御酒」は天皇への供御や節会に供した酒で、年間一二一石（一升ビンにして一万二一〇〇本）造られていた。その造り方は、蒸した米一〇〇合、糵《げつ》（「よねのもやし」ともいい、米麹のこと）四〇〇合、水九〇〇合を容器に仕込み、一〇日ほど発酵させてこれを筌《うけ》（細い割竹を編んで筒または徳利の形にしたもの。魚を捕る道具にも同じようなものがある）で簡単に濾してから、その酒を汲水《くみみず》代りにして、これに再び糵と蒸米を入れて仕込む。再びこれを濾してから、またその酒に糵と蒸米を仕込んで熟成を待つ。このような仕込みを四度繰り返し（一サイクル一〇日として四〇日間）、最後に上布で上手に濾してやっと完成する酒である。第一章で述べた「八塩折之酒」に似たもので、古代の酒造り法を神聖に受け継いで造った酒である。

私の教室で、実際にこの酒を造ってみたところ、アルコール度数三％、酸度七ミリリット

『紫式部日記絵巻』（部分）．平安貴族も今と同じように酌しつ酌されつであった（五島美術館蔵）

ル、アミノ酸度九ミリリットル、糖分三四%と、とてつもなく甘くて味も濃く、酸味も高いがアルコールはそう多くない酒となった。今日の日本酒の平均はアルコールが一五%、酸度二ミリリットル、アミノ酸度一・五ミリリットル、糖分四%であるので、当時の酒がいかに濃醇な味を持っていたかがよくわかる。しかし、その酒の色はまさに輝くように美しい琥珀色で、一〇〇〇年の時をさかのぼったかのような神秘的なものであった。

「御井酒」は「起二七月下旬一醸造、八月一日始供」とあり、八月は旧暦であるから秋口に造られた酒である。蒸米一〇〇〇合、糵四〇〇合、水六〇〇合で、御酒の仕込み配合に比べると水の使用量がさらに少なくなったので、一層甘さの強い、トロリとした感じの酒で、宮中では特に愛飲されていた。

「醴酒」は蒸米四〇〇合、糵二〇〇合、酒三〇〇合という仕込み配合で造る酒なのだが、原料水の代りに酒を使い、その上、蒸米に対して糵の使用量も多いので、これはさらにトロリとした超甘口の酒であった。したがってこの酒を「醴酒《あまざけ》」とも呼び、酵母によるアルコール発酵よりも、むしろ麹の酵素による糖化に重点が置かれた酒である。「日ニ造ルコト一度、六月一日ニ起テ七月卅日ニ尽ス」とあるから、まさに夏用の酒であった。

主水司《もいとりのつかさ》が管轄する氷室から運ばれてきた氷を入れた「水酒《みずざけ》」を宮廷人たちが飲んだという記録があるが、おそらくこの「醴酒」が使われていたのであろう。その当時、『源氏物語』を代表として、甘く耽美的な文学が次々と出たのも、ひょっとするとこのような酒とまったく無縁ではなかったかもしれない。それにしても、平安時代の貴族たちが、真夏にオンザロックで暑気払いをしていたことを思うと、彼らの生活はいよいよロマンに満ちたものに見えてくる。

「三種糟」というのは、「予メ前モツテ醸造シ、正月三節ニ之ヲ供ス」とあるから正月用の酒であった。造り方には際だった特徴があって、粳米《うるちまい》の蘗と糯米《もちごめ》、精粱米《あわのうるしね》の三種の原料で造られた酒である。甘味を増すために水の代りに酒が使われ、さらにもっと甘さをのせるために、蘗とともに小麦萌《もやし》（小麦の麦芽）を併用していたという驚くべきものである。

このことは、当時すでに日本でも麦芽糖化法が大陸から入ってきていたことを示すものであり、また日本酒の歴史上、麦芽が糖化剤として利用された唯一の例である点で意義が大きい。米のデンプンを麦芽の糖化酵素で分解するなどは、日本であみだしてきた酒造技術に大陸のそれを見事にドッキングさせたという、まことに大胆な方法で、あるいはこのあたりに、外来文化を巧みに自らの文化と融合させてきた日本人のユニークさとテクニックの原点が潜んでいるのではあるまいか。

「擣糟」の擣は「擂《す》る」の意で、発酵の終わったもろみを臼で擂り、さらにそれを濾したのがこの酒で、主として諸節会に使われた。

「雑給酒」は並級の酒とみてよく、御酒糟が天皇や高級官人用の上級酒であるのに対して、下級官人への給与酒（当時は俸給の一部に酒が現物支給されていた）であった。「頓酒」は、もろみを通常より温かくして、きわめて短期間に発酵と熟成を行った酒であり、「熟酒」は同じく急ぎながらアルコール発酵を十分に進めさせた酒で、当時としては珍しいほどアルコール度数が高く（おそらく一〇―一二％ぐらい）、辛口の酒であった。

「汁糟」（または「搗糟《つきそう》」）は、天皇や高級官人の食事をつくる御厨子所《みずしどころ》や内膳司《うちのかしわでのつかさ》などに納められた酒である。「粉酒」は米を砕いて粉にした原料で仕込んだ酒で、こうすることによって糖化と発酵を無駄なく進め、原料利用率を高めたのであった。

灰利用の謎、白貴と黒貴

民部省が司る新嘗会《しんじょうえ》に使う酒についても『延喜式』に詳しく述べられている。新嘗会は、その年の新米を以て白貴と黒貴の二種の酒を造り、神に感謝するもので、今でも新嘗祭《にいなめさい》と呼んで収穫の祭儀を行うところもある。「貴《き》」は酒の古名で、この酒のことは『万葉集』巻一九の新嘗会豊宴《しんじょうえとよのあかり》の歌に「天地與《あめつちと》久万底爾《ひさしきまでに》万代爾《よろずよに》都可倍麻都良《つかえまつら》矣《お》黒酒《くろき》白酒《しろき》乎《を》」とあり、かなり古い時代から新嘗会の酒として使われていたことがわかる。

『延喜式』によると、斎場《さいじょう》にはまず、「酒殿一宇《さかどのいちう》　臼殿一宇《うすどのいちう》　麴室一宇《こうじむろいちう》」と配置した建物を設けて、酒殿には酒を醸す甕が並べられ、臼殿と呼ばれる今の精米所に当たるところには臼が置かれていて春稲仕女《つきしねのしにょ》四人が原料米を搗《つ》くようになっている。仕女を使うのは、飛鳥、奈良からの古式を伝承するものであるから、昔の為来《しきたり》に則ってそうしてある。

麴室で造られる麴（糵）は、蒸した米に麴カビの胞子を撒《ま》いてつくるのであるが、そのとき使われた種麴が何だったのかについては今でもよくわかっていない。私の推測では、一度出来上がった麴をそのまま置いておき、そこで多量の胞子を着生させたものを次回の麴づくりの種麴として使ったのであろう。このような麴の使い方を「友麴《ともこうじ》」または「友種《ともだね》」といって、昭和の初期ごろまでは地方の酒蔵でも見ることができた方法である。たまたま『令集解』に「麴子米」というのが出てくるが、これが一体何だったのかも、未解決の問題である。私はおそらく友麴の類で、種麴のことだったのではないかと思っている。

さて、白貴、黒貴という酒の仕込み配合であるが、『延喜式』の「造酒司」によると「二斗八升六合を以て糵と為し、七斗一升四合を飯と為し、水五斗を合せ、各々等分して一甕となす　甕に酒一斗七升八合五勺を得て熟して後、久佐木の灰三升を一甕に和す　号して黒貴と称し、其の一甕の和せざるを是白貴と称す」とある。

一〇日ほどで酒が出来上がると、その酒を濾し、数日間熟させてから、黒貴とする酒約一斗八升に対して絁《あしぎぬ》（粗製の絹布）の篩《ふるい》でふるった久佐木灰三升を加えてよく混和し、それを濾して「黒酒《くろき》」とし、「白酒《しろき》」とともに神に供したのである。

得られた酒があまりに少ないのは、麹や飯に対して水の使用量が極端に少ないからで、おそらくこの酒も驚くほど濃醇で甘口の酒であったろう。

酒に灰を加えたものを黒貴、加えないものを白貴と呼んで区別しているが、「久佐木灰」とは、「草木灰」、すなわち草や木を焼いてつくった灰のことで、灰を加えるという酒造法はきわめて珍しいものである。なぜそうしたのかについてはよくわかっていないが、酒の酸味を中和して飲みやすくしたのではなかろうかとの考えも多くある。とすると、なぜ新嘗会に使う酒だけに灰が加えられたのかという疑問も出てきて、いよいよ謎めいてくるのである。

「釈奠《しゃくてん》」とは、大学寮で春（二月）、秋（八月）の二回、孔子とその弟子を祀る釈奠の儀のことで、その儀礼に用いられる供御酒が「醴斉」と「醠斉」である。前者は白米一斗八升と糵《げつ》（麴のこと）九升、澄酒《すみさけ》五升で仕込み、後者は玄米一斗三升と糵六升、澄酒五升で造った酒で、「醴斉」は濾して澄ませ、「醠斉」はそのままの濁酒であった。祭壇に蔬菜を供え、爵《しゃく》（三脚の付いた中国の飲酒器）についだ醴斉と醠斉を参会者が互いにすすめあいながら祭る典礼である。

『延喜式』には、大体以上のような酒が登場するのだが、ほかに「甕酒《あえさけ》」という酒が、わずかにふれる程度ながら記されている。ところがこの酒は、日本の調理史上にとっては注目されてよい酒だと私には読めるので、ここで少し述べておくことにしよう。「齏酒」は、酢や醤油と混ぜたり、和え物や煮物に使ったりする料理酒で、毎月、内膳司《うちのかしわでのつかさ》（天皇の食事をまかなう厨所）に納められた酒であった。その仕込み配合は、糵《げつ》の使用量を他の酒よりも多くしているのが特徴で、非常な甘さを目的としているし、旨味を付けるために発酵の日数を長くしているので、今の味醂《みりん》のような酒であった。今日では酒は日本料理に不可欠の調味料となっているが、こんな古い時代、すでに日本酒が料理の「隠し味」に用いられていたことは、調理学の立場からみても意義深いことである。

しかも、雑給酒の中の「汁糟」（搗糟）もやはり内膳司や上級官人用の御厨子所に納められたとの記載もあるところをみると、料理によっては、隠し味としての酒を使い分けしていたことにもなり、日本酒と味醂を一緒にしたような、不思議なこれらの調理酒を実に上手に操って、日本料理を真剣に造っていた彼らの姿が目に見えるようである。

高度化する酒造技術

この平安期には、酒造技術もかなり高度になってきたことは、『延喜式』に記載されている酒造用道具等をみてもわかる。その主なものは木臼《きうす》、杵《きね》、箕《み》、甑《こしき》、甕《みか》、甕木蓋《みかきぶた》、麻笥《おけ》、水《みず》麻笥《おけ》、小麻笥《こおけ》、水樽《みずたる》、大篩《おおふるい》、瓼《さらけ》（浅甕とも書き、底の浅い甕《かめ》のこと）、絹篩《きぬふるい》、薄絁篩《うすあしぎぬふるい》、缶《かん》、竈《かまど》であるが、それらの道具の説明の中に混じって、「糟垂袋三百廿条……」という記述がでてくる。

この糟垂袋とは今でいう粕袋のことで、字の意味からは、白濁しているもろみを詰め、それを自然圧かまたは加圧して搾りあげ、粕と清酒とに分けていたものと解釈できる。とすると、この時代、一部の酒は圧搾による濾過が行われていたことを語るものであり、これは、今日の日本酒の圧搾法による搾り方の原点ということになる。多分、重石か木の塊のようなもので圧をかけ搾りあげていたのだろうが、問題はその圧搾の程度がどれほどのものであったかということである。「御酒」のように特別上等な酒の場合は、もろみをこの袋に入れて自然に垂《た》れてくる程度にし、雑給酒のような酒は強く圧力をかけて搾れるだけ搾ったのかもしれない。とにかくこのような例を見ただけでも、平安時代の酒造りの技術は、高い水準に向けて絶えず革新されつづけていたことに間違いはない。

濃醇酒の謎を解く

さてここまで述べた飛鳥、奈良、平安時代の酒の最大の特徴は、甘味が強く、トロリとした粘稠性がある濃醇酒であったことで、今の日本酒とは大きく性状と風味を異にするものであった。そして多くの酒がアルコール分も五%未満と少なく、中には一%にも達しない酒もあったと思われる。さらに謎めいているのは、世の中に米が余っているなどという状況ではなく、むしろ貴重なものであったにもかかわらず、驚くほど酒化率（使用した原料の米に対して得られた酒の量。数字が小さいほど原料の利用率が悪く、酒の量は少なくなり、粕が多くなる）の悪い酒造りをしていたことである。

そのような濃醇な酒が、上流階級が嗜んだとはいえ、液体発酵というよりはむしろ固体発酵に近い酒造りであったのは一体何故だったのだろうか。アルコールをもっと出し、米を溶かして粕を少なくするようにと思えば、汲水の使用量を高めてもろみを稀薄にし、酵母の発酵を促進させれば簡単なのに、敢えてそうしなかった。その謎を解くには、当時の酒の置かれた立場を考えながら、併せてその周辺の食生活の事情から考察しなければならない。そのことをふまえて、以下に私の推論を述べておこう。

まず、当時は「液体としての酒」と「固体としての酒」（粕）の両方を「酒」として位置づけていたということである。今日では、酒粕は酒税法でも酒類の範疇に入れていないが、当時は粕（糟）とて米から生まれた酒であり、手に持つことのできる酒であった。だからこそ、多くの酒を造り分けている中で、糟という字の入った酒があったのではなかったか。粕も酒であったから酒化率など問題ではなく、濾して澄酒を飲み、残った粕はそのまま食べたり、または軽く焙《あぶ》って間食にしたり、湯に溶かして甘酒のようにして飲んでいたのだろう。当時の見方によっては「飲む酒」と「食べる酒」があったともいえ、まことに面白いことだ。当時、酒は官位や職階によって造り分けていたので、必然的に濃厚な酒、液体の酒は上位に、粕主体の固体の酒は下位に配らなければならなかったのだろう。すなわち階級制が一つの理由であったのかもしれない。

濃醇な酒が必要であった第二の理由は、酒を造っている間および出来上がって飲まれるまでの間に、大切な酒が腐ってしまってはどうしようもないので、その対策のためではなかったのだろうか、ということである。糖分の濃度が二〇％、場合によっては三〇％を超すような当時の酒は、糖による浸透圧が非常に高く、したがってそこに酒を変質させる微生物が入ってきたとしても、濃糖圧迫のために生育しにくい（一般に微生物は、高い浸透圧の環境には弱く、たとえば濃度の濃い食塩や糖を含む環境下で増殖しようとしても、自らの菌体を包む細胞膜が半透膜となってしまい、糖液よりも水分の低い細胞内体液がその膜を通して菌体外に流出し、死滅に至る）からである。

事実、私の教室で試醸した「御酒」（糖分三四％）に、産膜酵母や乳酸菌を加えてみても、変質が直ちに起こることはなく、酒はいつまでも長持ちしたのであった。微生物学的な知識などなかった古《いにしえ》の人たちは、たとえ理論など知らなくても、そこで起こるほんの小さな現象を見逃すことなく観察して、その経験を後日の技術として確立していく能力を持っていたことを語る証であろう。

第三の理由として考えられるのは、日常生活において、酒が糖材（甘味料）の一部として使われていたのではないかという点である。当時わが国では、蜂蜜や大陸伝来の麦芽糖といった甘味料は特権階級だけのものであって、庶民は甘茶蔓《あまちゃづる》や甘草《かんぞう》、熟した生柿や干柿《ほしがき》といった甘味植物を自然界から調達していたが、唯一両者に共通していた甘味料が甘酒であった。麴で甘酒を造り、布で濾して煮つめると水飴《みずあめ》になったので、これを大切な甘味料として使っていた。

ところが、濃醇な酒の糟（粕）は堅練《かたね》りの甘酒と同じようなものであった上に、旨味成分のアミノ酸も豊富に含まれていたので、これに湯を加えて（成分を抽出し）、濾してから煮つめて、旨味を伴った料理用の甘味材を造っていたと考えられるのである。もちろん、濃い酒も料理に使われて、甘味づけにもなったのであろうが、酒やその糟からとった糖で甘味をつけ、その上、隠し味も期待できたのであるから料理の出来ばえは一段と高まったに違いない。前にも少しふれたが、『延喜式』の酒の中には、「汁糟」「醯酒」のように料理用の酒があったのをみても、当時酒は飲むだけのものではなく、料理に甘味や旨味を付与する役割も担っていたとみて差し支えない。こういったことを醸造学的、調理学的見地からみる限り、これだけ濃い酒を造っていた不思議さはおのずと解決されるような気がするが、いかがだろうか。

第三章　日本酒の成長と成熟

「諸白」の看板．酒屋の軒下に「諸白」の二文字が出て，日本酒はいよいよ今日のものとそう違わない風味を持ってきた（岡山県津山市苅田酒造エネルギー）

一、僧坊の酒、酒屋の酒

平安時代の末期から鎌倉時代に移るころ、都市や港を中心に市《いち》による交換経済が繁盛して、商業区域に活気が出はじめた。すると酒は、それまでの宮廷中心であった時のように、必要に応じて造って飲むとか、役所の中で上等の酒が動きまわるとか、庶民が御上《おかみ》の目をごまかして酒を造り、飲み廻すとかいった限定されたものでなく、街における商品としての酒も要求されるようになった。

こういう状況が続くと、朝廷だけにあった技術も必然的に民間に流出していくことにもなり、中でも朝廷に並ぶほどの権力を持った寺院や神社が酒造りに重要な役割を果たすことになった。そして貴族に代って武士が天下を動かすようになると、朝廷の酒造組織も廃止となり、代りに政府や寺社の権力者が特定の専業者を認定して酒造りの特権と保護を与え、その代償として酒による現物または金銭による税（「酒役《しゆやく》」ともいう）をとりあげるような制度に変わってきた。こうして酒造りは、律令時代の雑工戸《ざつこうこ》のような政府直属の下級官人の手から離れて、政府や寺社の特権者から許可された「酒屋」を営む商人、または「座」という組織に属する特別の神人《じんにん》、さらに寺院の僧侶らが酒造りやその販売を営むようになる。

また、武士団の政権争奪が繰り返されるのを余所目《よそめ》に、酒造りに携わる者が一段とその研鑽に励み、画期的技術革新を成し遂げて、今日の日本酒の形を造ったのもこの時代であった。酒造りや「麹座《こうじざ》」の権利を巡って骨肉の争いをしたのもこの頃で、多くの話題に事欠かない中世であった。

美酒「天野酒」

治承四年（一一八〇年）、源頼朝が鎌倉の地に移り、建久三年（一一九二年）には征夷大将軍に任ぜられて幕府を開いてから、元弘三年（一三三三年）に北条高時の滅亡に至るまでの間を鎌倉時代という。この時代の初期後半に当たる天福二年（一二三四年）、河内国と和泉国の国境に近い河内長野の名刹《めいさつ》、天台宗天野山金剛寺で酒が醸されていた。

この寺に残る古文書の一つ『金剛寺文書』（拾遺一）に「御酒者二瓶子」「濁酒者四瓶子」「清酒者一瓶子」などと記されていることからわかったことだが、その意味するところの重要な点は、この頃、寺で平然と大量の酒造りが行われていたということである。この酒を寺の山号をとって「天野酒《あまのざけ》」と呼ぶが、その造り方などが文献として現われるのは、それから二〇〇年も後の『看聞御記《かんもんぎょき》』やその頃の『御酒之日記《ごしゅのにっき》』である。

それによると「天野酒」は室町中期から戦国時代にかけて「天野酒比類無シ」、「ソノ美酒言語ニ絶ス」と絶讃され、大評判となっていた酒であった。寺酒が、二〇〇年以上にもわたって寺外に出され、流通商品の一つになっていたことは、「寺」が置かれた社会的地位や教法を説く聖所という観点からみると意外なことに思われるが、実はこのような寺酒が、その後の酒造技術の発展に画期的役割を果たすことになったのである。

寺院はもともと戒律の厳しいところで、酒造りや飲酒が堂々と許されていたところではない。蒙古襲来直前の弘長三年（一二六三年）、時の太政官は奈良の興福寺に宛てて、「酒は正念の迷いを乱す、迷いは本心放逸のもと、悪の根源である」という意味の注意書きを出し（『大乗院文書』）、寺での酒宴を戒めているし、南北朝時代の正平一〇年（一三五五年）、出雲国の名刹鰐淵寺《がくえんじ》にも酒の製造や販売を禁止する文書が送られている（『鰐淵寺文書』）。

こうした寺院内での酒の製造や販売、飲酒の禁止は、少なくとも「たてまえ」としては中世を通して変化はなかったものと思われるが、現実にはそうではなく、酒に酔いしれた名僧、高僧も数知れなかった。「立正安国」を説いた日蓮上人でさえも、好きな酒を贈ってくれた信者に対して「油のような酒」、つまりトロリと甘く濃醇な酒を讃する礼状を残しているほどだ。とすると、戒律の厳しい寺院で、なぜこのように酒が造られるようになったのであろうか。

戒律か経営か

寺院における酒造りに関する初見は、古く弘仁年間（八一〇―八二四年）、奈良薬師寺の僧景戒の撰による『日本霊異記《にほんりょういき》』（中巻第三二）で、そこには「寺の利《うまわし》を息《いら》す酒」、すなわち「寺の利益のために利用する酒」とも解釈できるような意味の説話が登場する。だがこれはあくまで仏教説話で、直ちに寺院酒造の起源に結びつけるわけにはいかない。その起源を明確に示す文献が登場したのは、時代がさらに過ぎて一〇―一一世紀のことである。

当時興っていた「本地垂迹《ほんじすいじゃく》」にもとづく神仏混淆《こんこう》の中で、寺内の鎮守社へ供御する御神酒造りに関して書かれた文書がそれで、代表的なものが奈良東大寺の『東大寺要録』、京都醍醐寺の『醍醐寺雑事記』である。そこには、寺内の一隅にあった「酒屋《さけや》」と呼ばれる酒殿のことが述べられていて、鎮守社の神酒はそこで造っていたことなどを明らかにしている。

そもそも仏と神を混淆した信仰の原点となったのは、本地《ほんじ》の仏である菩薩が衆生《しゅじょう》を済度《さいど》する（生物界や人間界で苦海に喘ぐ者を、菩薩が済《す》くい出して悟りを開かすこと）ために、迹《あと》（姿）を垂れ（現わし）て、わが国の神祇になったという「本地垂迹」の考え方である。もともと神道の国であったのに、一〇世紀ごろから神は仏の別の姿であるといった信仰が行きわたりだし、一一世紀には、たとえば伊勢大神宮は大日如来だとか、八幡神社は阿弥陀如来だというように、どこの神社は何の仏の垂迹だという具合で祀られていたのである。

このように中世では、神と仏とは明確に区別されていたのではなく、神祇信仰が仏教に埋れた恰好で進行していた。神社が酒殿《さかどの》で酒を造ってきた経緯を横目で見てきた寺が、そうわだかまりもなく酒に手を出したのは、むしろ自然の成り行きということになる。したがって、いくら戒律の厳しい寺院といっても、寺の催事に酒を造り、半ば公然と飲酒しても、そう奇妙なこととはとらえられない素地がいつの間にかつくり上げられていたわけである。

こうして寺院が始めた酒造りは、その後非常な勢いで発展していくのであるが、その最大の理由は何といっても財源の確保にあった。鎌倉時代の一一、一二世紀といえば荘園制度の下で寺社領荘園が飛躍的な発展を遂げた時代で、寺院の運営や財源の中心は寺領荘園からの上納米や年貢で賄っていた。この時代、国ごとに国衙《こくが》（国司の役所）や守護などがつくった「大田文《おおたぶみ》」（土地台帳）によると、寺領荘園の最盛期では、たとえば淡路国の総田地面積の六三％が寺領であり、また畿内では田畑の実に八〇―九〇％が寺社領であったという。こうして荘園からの年貢は、寺院を支える最大の収入源となり、またその米の一部で酒が造られたので、原料の米に不自由することはなかった。

ところが一四世紀ごろから郷村制の成立や一揆の頻発、さらに貨幣の流通による社会の変動等が起こり、寺院は次第に経済的苦境に追い込まれていく。そのような危機感の中で、財源確保の対策としてとられた切り札が、経済的方策としての僧坊酒《そうぼうざけ》の一大展開であった。飲酒禁制という精神的戒律と、僧坊酒の醸造販売という経済方策とは相反した事象であったが、背に腹は代えられないというのが本音であった。

幸いこの当時、酒の消費量は凄まじいものがあった。いかに酒が飲まれていたかは、建長四年（一二五二年）、鎌倉幕府が民間の自醸酒（密造酒）や民間人による酒の売買を禁止させるための見せしめとして、鎌倉市中の酒壺の破棄を命じたところ、その数が何と三万七二七四壺の多きに達した記録をみてもよくわかる。この「沽酒禁制《こしゅきんせい》」（酒の醸造、売買の禁止令）を別の角度からみると、そこには武家社会の成立と発展によって、武士と市民という新しい酒の需要階級が台頭しだしてきたことを示しているし、酒が従来の自給生産の段階から販売目的の生産に移行してきたことをも物語っている。言いかえれば、商品としての酒造りが本格化してきた社会背景を寺院は的確に見抜いて、これを財源確保のための標的として巧みに利用したわけである。こうして中世の酒造りは寺院中心に展開されることになるが、実はこのことが、以後の酒造りの技術を飛躍的に発展させる最大の原動力になっていくのである。

寺院といえば仏殿舎や坊舎など壮大な建物があり、数十人、数百人、規模によっては数千人に及ぶ僧侶・俗人たちの集団生活の場であるから、これを維持していくための経費も莫大なものであった。そこで、優秀な酒を造って大好評を得、大いに利益を稼ぐことが必要であった。酒造りをする寺院は、他の寺に品質の後れをとってはならじと、互いに競い合う形で研究と技術革新を進め、中にはそれまでの仕込み配合からいちはやく脱皮して、飲みやすく酔いやすい酒を目的に独自の醸造法で醸す寺も現われてきた。

年貢米は減少したとはいえ、まだまだ優秀な米は諸国の寺領荘園から入ってきたので原料の吟味ができる上に、寺院は俗世界を離れた静閑寒涼な場所にあり、酒造りにとって願ってもない環境であり、さらに清冽な仕込み水は裏山から湧き出てくるのであるから、このような有利な条件を酒造りに生かさないわけがなかった。ほどなくして、それまでの酒とは味も質もまったく異なる、今日の日本酒により近い「諸白《もろはく》」という酒が出来上がったのは、そのような背景があったからである。

量の造り酒屋、質の僧坊酒

一方、寺社の酒に対抗して、幕府から許可を受けて酒を造る「酒屋の酒」も登場している。南北朝から室町初期にかけて、専業の酒屋が出現したのは京や奈良といった人口集中地のことであったが、その後は年々各地に増えつづけ、近江坂本や西宮にも造り酒屋が建った。室町中期から後期には、洛中洛外あわせて三四二軒もの造り酒屋がひしめくといった有様であった。

「僧坊酒」が主として公家、武家、僧侶といった支配階級の酒であったのに対し、「酒屋の酒」は街の酒として広く一般大衆に飲まれていた。今の京都の先斗町《ぽんと》や河原町に軒を並べる小料理屋やバーが、当時はそのまま造り酒屋だったことを想像すると、辺りにただよう馥郁《ふくいく》たる酒の香りはいかばかりであったろうか。

それらの酒屋は、そのほとんどが数坪という狭い土間で造ったり売ったり飲ませたりしていたのであるが、数が多かったので醸造量では僧坊酒を圧倒していた。しかし品質の点では勝負にならないほど僧坊酒のほうがすぐれていたので、以下では僧坊酒に焦点をあてて、当時の酒についてみてみることにしよう。

近代酒造法の萌芽

「僧坊酒」の造り方を克明に伝える代表的文献は『御酒之《ごしゅの》日記《にっき》』と『多《た》聞院《もんいん》日記《にっき》』である。

前者は文和四年（一三五五年）あるいは長享三年（一四八九年）に成立したとされる日記で、南北朝から室町初期あたりの酒造りの有様が述べられている。また後者は、奈良興福寺の塔頭《たっちゅう》の多聞院で僧英俊らによって記されたもので、文明一〇年（一四七八年）から元和四年（一六一八年）に及ぶ日誌である。

僧坊酒の走《はし》りである天野山金剛寺の「天野酒」の仕込み配合を『御酒之日記』から読む

酒を売る女（『七十一番職人歌合』 室町時代）.「先さけめせかし　はやりて候　うすにごりも候」と言っている．街にこのような酒売りが多く出ていたほど酒はすでに本格的な商品として流通していた

と、注目すべきは、それまでの一段仕込み（蒸米と麹と水を容器に同時に仕込んで発酵させる）から脱却して、「初度」と「第二度」と二回に分けて仕込む、二段仕込みの方法を編みだしていることである（表参照）。

こうすることにより、もろみの品温の調節は楽になり、酵母の増殖は濃糖圧迫から解放されてこれまた楽になり、アルコール発酵も急速に進めることができる。また、それまでの仕込み配合に比べ米や麹に対する水の使用量も非常に多くなっており（第二度仕込みの水の量が記載されていないが、おそらく蒸米量と等量と思われる）、この点でも今日の日本酒に近づいてきている。

「天野酒」の仕込み配合（単位：合）

	元	初度	第二度	計
蒸米	100	100	300	500
麹	60	60	60	180
水	100	100	300？	500？

さらに、もろみを仕込む際に「元《もと》」（今でいう「酛《もと》」または「酒母《しゅぼ》」のこと）をあらかじめ造り、もろみの仕込み時に加えている点も注目に値することである。「元」の造り方は、まず白米一斗を水に漬けてから水を切り、蒸す。元瓶《もとかめ》にこの蒸米と麹六升、さらに水一斗を加え、その瓶の周りに筵《むしろ》を巻いて保温し発酵させる。毎日攪拌《かくはん》して品温を下げながら、やがて（酵母が多量に増殖して）甘味がなくなり酸味と渋味が出てきてから仕込みに使うというものである。

正に今日の酒母造りの目的である「酵母の大量集積」法であり、またその造り方も現在とよく似ていて、そこからは高度な技術を垣間見ることができる。おそらくそれまでは、前回出来上がったもろみ（この中には多量の酵母が生息している）の一部を使っていたのであろうが、仕込み配合の中にこのように「元」という表示をしていることは画期的なことである。

さらに、この仕込み配合からもわかるように、それまでの酒は『延喜式』の流れを汲む「醞《しお》方式」（発酵した酒を濾して、その酒を再び仕込みに使う方式）であったのが、この酒からは「酘《とう》方式」（発酵した酒を濾さずに、途中でそれに再び原料を仕込んでいく方法）であるのも特筆すべき技術革新である。この方式は、やがて今日の日本酒の手法の原形となる「諸白」造りの基礎となっていくことになる。

またこの天野酒は、「冬ノ酒ニ候」とあるように寒造りの酒であった。それまでは夏でも酒を造っていたが、寒い時期に酒造りを集中させて、香味にバランスのとれた優良な酒をじっくりと醸し上げていくものである。これも今の酒造りと同じ考え方であって、画期的なことである。

『御酒之日記』にみえる「菩提泉《ぼだいせん》」「南酒《なんしゅ》」「南樽《なんたる》」「山樽《やまたる》」など一連の「奈良酒」は、今の奈良市菩提山町の興福寺大乗院の末寺である菩提山正暦寺で造られた。『御酒之日記』には、「菩提泉、白米を用い、これのうち一部を御飯《みけ》にしてよくさまし、ざるの中に入れて冷やした後、水の中におく。三日程たってから上の澄んだ水は別の桶に入れる。御飯は上にあげてとって置く。残りの米をここで蒸す。夏であれば特によくさます。麹は五升、そのうち一升の麴と一升の飯とを混ぜて仕込み、残りの四升の麴と御飯とを混ぜて入れ、先程別にした水を一斗加え、さらに残った飯を全部ひろげて仕込む。筵《むしろ》で口を被い、七日置くと酒が出来る。十日置けば用いるに足る」とある。かなり複雑な速成法で、しかも米の漬け水を仕込みに用いるなど、いろいろな工夫がこらされている。

これは今日の学問からいうと、米を浸漬している間に発育する乳酸菌を用いての「生酛《きもと》系の酒母造り」とも言うべき高度な技術である。すなわち、飯を水に浸したとき、米から溶出していく養分で乳酸菌の侵入とその増殖、発酵を待つ。乳酸菌が発酵して乳酸が生成されると、その水は水素イオン濃度（pH）を下げることになり、雑菌や酒を腐らせる腐敗菌の侵入を阻止できる（これらの有害菌は低いpH領域では生育できない）。その乳酸水に麴と飯を入れて仕込んでやると、今度は酵母が増殖して発酵する（酵母は低いpH領域でも生育に影響されない）。ところが、酵母がアルコールを造っていくと乳酸菌は死滅し、その酵母だけを純粋に馴養しながら安全に酒が出来るという仕組みである。

これは麴菌と酵母と乳酸菌を使った今日の生酛《きもと》であって、この技術がすでにその当時に確立されていたことはまことに驚きといわざるを得ない。酒を腐らせないために、また温暖な地方でも支障なく酒が仕込めるために、安全な酒造法であるこの菩提泉は今日の酒造りの基本型を成しているものであり、次に述べる諸白《もろはく》造りへの前駆型であった。

『御酒之日記』の後に出された『多聞院日記』に登場する奈良興福寺の酒は、正に今日の日本酒そのものの型をしている。同日記には「諸白一対」「諸白一瓶《かめ》」「一荷モロハク」「結樽二荷モロハク」と、至るところに「諸白」という字が見える。諸白とは『本朝食鑑』（元禄時代の一六九五年刊）に、「近代酒ノ絶シテ美ナル者ヲ呼テ諸白ト曰ク。諸ハ庶《もろもろ》ナリ。白ハ白米。白麴ヲ以テ之ヲ造ル。故ニ名《なづ》ク」とあり、今の日本酒と同様、原料米はよく搗《つ》いて白米とし、美麗に濾した澄み酒のことである。

すでにその仕込み方法も、元《もと》（酛）を立て、また仕込みも初度（添《そえ》）、第二度（仲《なか》）、第三度（留《とめ》）と、完全に今の仕込み法である三段仕込みで行われていた。多聞院での諸白造りは、今日の酒造りの基本を完成させた技術革新の場であったと位置づけることができよう。この酒造法であると、おそらくアルコール度数は今の日本酒にそう変わりはなく、風味も相当近いところまで迫っていたはずである。

永禄一〇年（一五六七年）における興福寺での諸白造りでは、仕込み容器には大型の酒甕《さかがめ》が用いられ、容量は約三石（五四〇リットル）であったが、天正一〇年（一五八二年）に大型の「酒桶《さかおけ》」の記載がでてきて一気に一〇石（一・八キロリットル）にスケールアップ、しばらくして慶長一四年（一六〇九年）、紀州和歌山では一六石（二・九キロリットル）もの大桶が使われており（『林家文書』）、このころからすでに仕込みも大型化していたことがわかる。

パスツールに先んじた低温殺菌法

ところで、『多聞院日記』の技術手法の中で特記しておく必要があるのは、酒の殺菌についての記載である。永禄三年（一五六〇年）五月二〇日の「酒を煮《に》させ樽に入れ了《おわ》る、初度なり」という箇所で、これから夏場に向かって酒が腐りやすくなるので酒に熱を加え（火入《ひい》れ）て殺菌したというのである。

この部分をさらに調べてみると、その当時の火入れ温度は記述文の前後から推定し、大体五〇―六〇℃で五―一〇分保ったと考えられている。これは今日の火入れの条件とほぼ一致する。

火入れの目的は、酒を腐らせずに保存するための殺菌にある。酒は出来上がってからも、特殊な乳酸菌の侵入を受けていつも腐りやすい状態にあるのだが、たとえそのような悪い菌がいても、これを加熱して煮沸してしまえば安心である。ところが煮沸したのでは、アルコールが飛散してしまう上に品質は著しく劣化してしまう。この矛盾をどう解決するか。

一八五〇―六〇年にかけて、フランスを中心とした地域でワインの大腐造が発生した。このときパスツール（Louis Pasteur, 1822-95）は、酒の品質を損なうことなしに、ワインを加熱して腐造を抑える方法に成功した。その理論というのは、酒のようにアルコールが存在している場合には、煮沸などしなくとも低温でわずかな時間保つだけで殺菌効果は十分果たされることにあり、パスツールはこれを「低温殺菌法」としたのである。

当時、そのような殺菌法や考え方はなかったので、考案者であるパスツールの名前をとってパスチャライゼーション（pasteurization）とした。この語は「低温殺菌」として今日でも一般に定着している。ところが興福寺で酒を造っていた僧侶たちは、パスツールよりも何と三〇〇年も前に、この方法を実践していたことになる。私が調べた範囲では、僧侶たちが火入れを行った以前に、中国や朝鮮半島、その他の国々でこのような方法で殺菌を行っていた事実はなく、したがってこの低温殺菌法は、まさしく日本人の発想によって生まれた世界的な技術と考えてよいだろう。

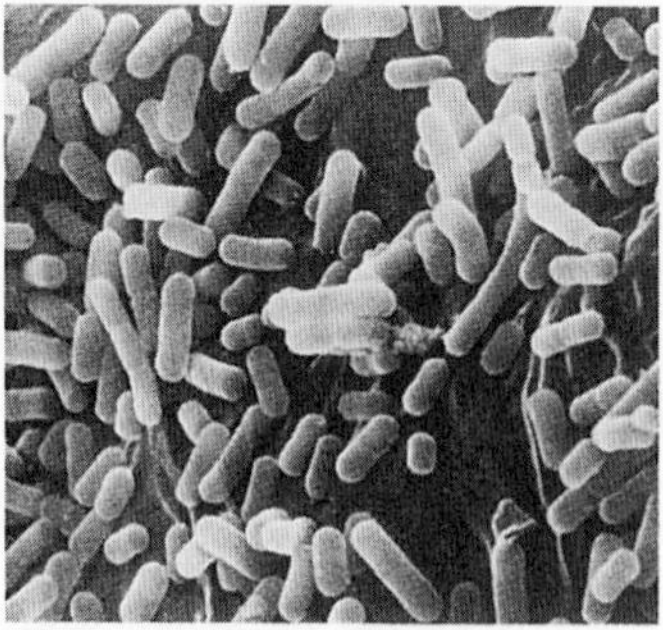

火落菌（乳酸菌の一種）の電子顕微鏡写真．製品となった日本酒を火入れせずに置くと，しばしばこのような火落菌が繁殖して，酒を台無しにしてしまう

さらに、「初度なり」とあるのは、おそらく第一回目の火入れのことであり、安全を期して二度、三度と火入れを行ったのであろう。実はこのことはドイツの微生物学者コッホ（Robert Koch, 1843-1910）によって考案された「コッホの滅菌釜」の原理（あまり高温をかけられない液体の場合には、中温で数回にわたり加熱することにより殺菌が可能となる）と同じである。あの偉大なパスツールが低温殺菌法を考案し、そして著名なコッホが低温滅菌法を

確立する三〇〇年も前に、日本の僧侶たちは「火入れ」と称する低温殺菌法を実践していたのである。

以上みたように、室町時代末期における酒造りの技術水準は非常に高度なものであり、今日の日本酒の醸造法がまさにこの時点で確立されたと決めつけてよいだろう。そして、当時酒造りに当たった僧侶たちの研究と努力によって培われ育まれた技術が、口伝えでなく、確実に伝わる文書で残されたことにも大きな意義がある。ヨーロッパの寺院で、古くから優秀なワインを僧侶たちが醸しだし、今日に至っているのも、長年にわたって積み重ねられてきた経験と知識が文書によって残されてきたからなのである。文化という生活工夫の方途というものは、国が違っても思想が異なっても共通することを、これらのことは物語っている。

麹座の利権をめぐって

鎌倉、室町時代の酒を語るとき、もうひとつどうしても述べておかねばならないものに「麹座《こうじざ》」がある。麹があれば酒が造れる。そこでこっそりと麹を造ったり、麹を手に入れたりして密造酒を造る者が後を絶たないので、その取締りと酒税収入の確保のために、幕府は「麹座」を成立させ、特に許された者にのみ麹の製造と販売に当たらせたのである。その成立はすでに一三世紀前期であるが、一四世紀に入るとこの制度が本格化して多くの麹座が出現する。

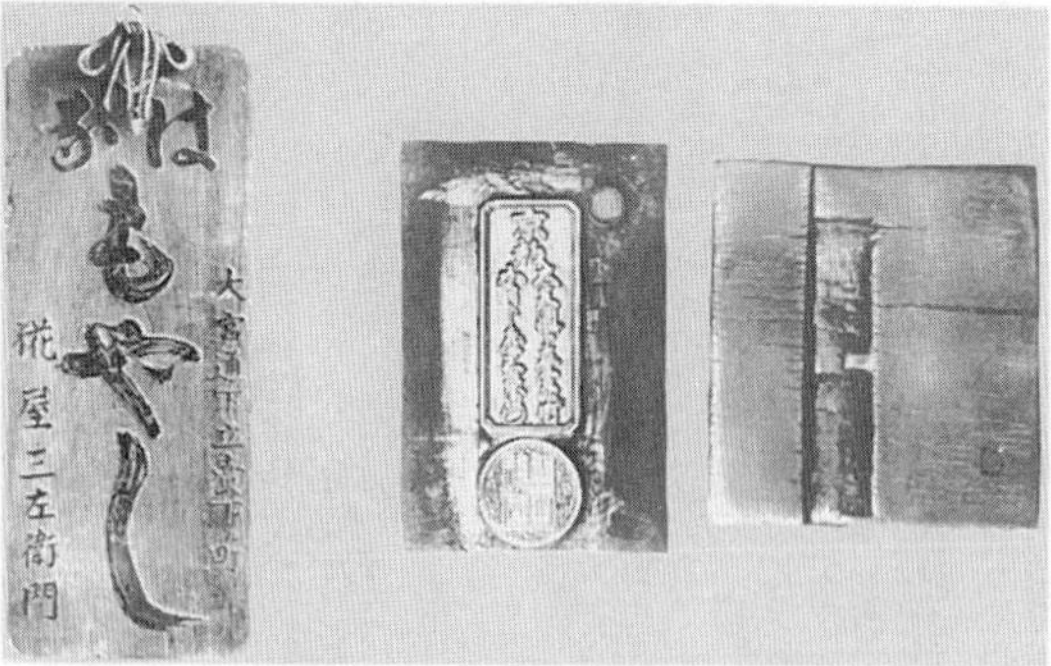

足利幕府からの「麴座の許可判」（右）と（中央），店頭に掲げられた看板（左）．京都の街中にあった「かうじ屋三左衛門」に，幕府から麴の製造および販売にかかわる許可判（木製）が交付され，「麴座」の一員に加わることが認められた（株式会社糀屋三左衛門蔵）

麴座を許された者の中で最も多かったのは、神社でさまざまな行事に携わる「神人《じんにん》」と呼ばれる人たちで、彼らは神に仕えるというその職制から、税も免じられるといった特別待遇を受けていた。京都の北野神社に残る『北野文書』によると、今から六〇〇年前の室町初期、それらの神人たちに幕府から麴を造ることに対する免税措置という特権まで与えられた。

これをきっかけとして、その後、京都における北野神人の「麴座」が成立し、「西之京麴座」とか「西京麴師」「こうじの衆」といった北野神社領内での座がまず展開する。彼らは酒造蔵に納める麴のみならず、味噌、醬油、甘酒などの麴も取り仕切って、長い間洛中洛外の麴の製造および販売権を一手に保有していた。寛元四年（一二四六年）には洛南

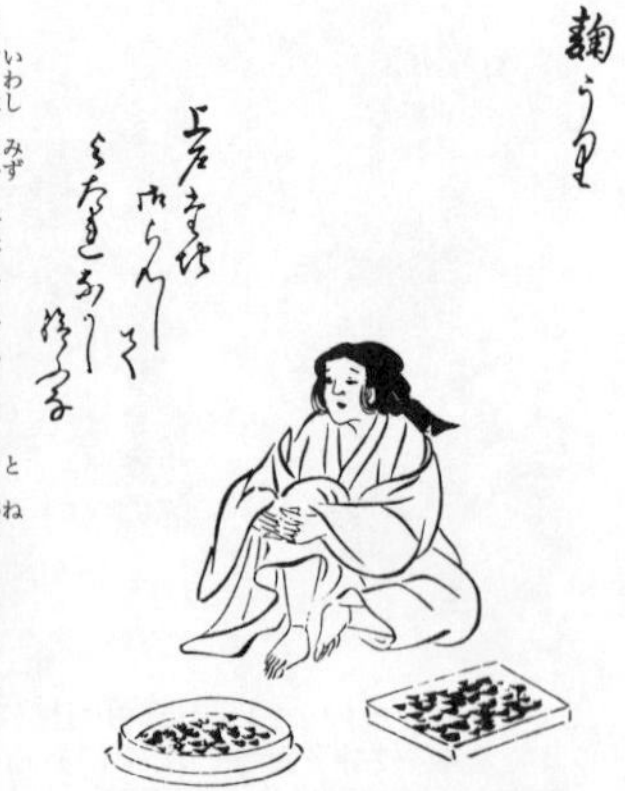

麹売り．京の町にはこのような麹売りが出て客を待っていた．女性の麹売りが「上戸たち　御らんじて　よだれながし給うな」と言っている．「麹座」が崩壊した後でも彼女らの売上げには税金がかけられていた（『七十一番職人歌合』室町時代）

の石清水《いわしみず》八幡宮領内の刀禰《とね》（神官）にも麹の専売権が許されて麹座が成立するなど、神社を中心にして次々に座が開かれていく。

一方、この麹座とは別に、京都における麹商人の成立も早かったが、こちらのほうは「酒《しゅ》麹役《きくやく》」といって麹を造ることに税金が課せられており、麹座のような特権はなかった。ともかく麹座は、幕府の後ろ楯もあって、その後さらに二〇〇年も続くことになる。

一四世紀後半から一五世紀に入って、京都における造り酒屋の発展はめざましく、「酒屋の酒」は応永三二年（一四二五年）に三四二軒を数えていた。それらの酒蔵が保有していた仕込甕の数と年二回の醸造とから、当時造られていた酒の量を計算すると、年間少なくとも三〇〇石（一升ビンにして三万本）にもなる。

京都だけでこれだけの酒屋が営業しており、河内や奈良などはもちろん地方都市も含めて、酒屋がこうして増えてくると、酒を造るのに、麴だけを分離して麴座から供給してもらうというなどは、とうてい無理になってきた。当然のことながら酒蔵内での麴の密造が増えて麴座の麴はだんだん使われなくなりだした。

そこで北野神人を中心とした麴座のグループは、酒屋における自家用麴の製造を厳禁させ、麴座の特権を再確認させるよう幕府に働きかけた。幕府は、足利義満御教書（嘉慶元年）として「麴座」を周知させたが、実際には禁令などあまり効果はなかった。逆に応永三三年（一四二六年）には馬借《ばしゃく》（近江国坂本に本拠をかまえ、牛馬を使って酒屋などに米の運搬をしていた）が酒屋の味方となって、北野神社を襲撃してこれを破壊した。以後も、酒屋と関係の深かった比叡山の僧徒たちがしばしば麴座の廃止を求めて決起したため、幕府はついに麴座の制度を緩和する方針を示した。そのため今度は、神人たちがこれに激しく反発して、北野神社にたてこもる事態となった。幕府はやむをえず侍所《さむらいどころ》の兵を差し向けて鎮圧を図ったが、神人たちは武力で抵抗し、北野神社の大半が兵火にかかって焼失するという結末を迎えたのである。

これが世にいう「文安の麴騒動」で、文安元年（一四四四年）四月のことであった。この事件により麴座の制度は完全に崩壊し、酒屋は麴から一貫して酒を造るという、今日の酒造形態が誕生したのである。それにしても、食べものや飲みものの恨《うら》み辛《つら》みは孫の代まで続くとはよく言ったもので、この麴騒動、麴の利権をめぐって孫の代どころか三〇〇年近くも争いが続いたことになる。

新興「田舎酒」

室町時代の日本酒をめぐる技術や流通の背景について述べてきたが、その後は諸白造りが、本場の奈良から畿内を経て地方に伝わっていった。その一方で、隆昌を誇ってきた僧坊酒は、新興酒産地の台頭や、戦国大名の領国政策による寺院権限への圧迫などで後退し、やがて完全に没落していく。こうして、豊太閤最後の盛宴となった有名な「醍醐の花見」での天野酒も、百済寺、菩提山正暦寺、観心寺などの名酒も消え、『多聞院日記』の興福寺の酒も、巻四六に「元和四年（一六一八年）の仕込み酒は上々の出来」という記載を最後に終わっている。

これに対して、米の産地やその米を確保しやすい港湾地、仕込み水が上等で豊富な地、さらに門前町や商業地などで、酒の新興産地が次々と誕生していった。大坂、西宮、堺、天王寺、大津、小浜、児島、尾道、三原、防州、瀬戸内、小倉、若州、唐津、島原、肥前、柳川、博多などがその例で、その中から「西宮の旨酒」「宮腰の菊酒」「加賀菊酒」「博多の練《ねり》貫酒《ぬきさけ》」「伊豆の江川酒」などが、いわゆる「田舎酒《いなかざけ》」として評判になってくる。そして時代はいよいよ元禄・江戸へとつながっていく。

二、元禄の酒、江戸の酒

徳川家康が征夷大将軍に任ぜられ、慶長八年（一六〇三年）幕府を江戸に開いてから、慶応三年（一八六七年）の瓦解に至るまでの二六五年間を江戸時代または徳川時代という。この時代の酒造りは、中世から受け継がれた「僧坊酒」の技術を確立し、やがては池田、伊丹《いたみ》、灘目《なだめ》といった本場の酒造りへと発展していく時代でもある。この時代は文献も豊富なので、酒が歩んできた様子はかなり正確に知ることができる。

寒造りの完成

この時代の最大の技術的貢献は、冬の寒い時期に酒造りを集中させる「寒造り」のための酒造法が完成されたことである。僧坊酒で基礎がつくられてはいたが、全国すべての酒屋がこの方法に移ったのは江戸時代に入ってからである。享保一七年（一七三二年）の『万金産業袋《ばんきんすぎわいぶくろ》』には、「酒は寒造りを専とす」とある。実際、夏場や秋口に酒を仕込むよりは、寒い冬に仕込んだほうがもろみの品温は操作しやすく、空気中から侵入する雑菌の繁殖は抑えられやすく、低温発酵はおだやかで、香りの高い酒を造り出すことができる。つまりは寒造りは市場性の高い酒を安定して得ることにつながるのである。

ところで寒造りへの移行には、幕府の政策が深く絡んでいたことも見逃してはならない。幕府にとって、農作物を商品化し、年貢米の換金を図ることは経済維持の上からも重要であったため、寛文七年（一六六七年）九月の御触書で「以来迄当座之新酒ハ可為停止」の旨を下達し、以後もしばしば夏から秋口にかけての新酒の仕込みを禁止して、寒造りへの集中化を図った。こうすることにより、大量の米を冬の一期間に商品化（換金）することができ、その上、財源確保という重要な仕事を果たしてくれる酒屋を、直接掌握できるのである。

こうして寒造りは、酒屋が醸す酒を優秀にしたばかりでなく、冬の農閑期の農民にとっても酒屋への出稼ぎを可能にした。このことが土台となってやがて杜氏《とうじ》を中心とする蔵人組織が出来上がっていくが、これについては別章で述べる。

進んだ酵母育種法

寒造りは優秀な酒の醸出につながったが、この時代はまた原料の選択一つにしても実に丁寧に行われていた。たとえば『本朝食鑑』（元禄八年、一六九五年）には、「凡ソ酒ヲ造ル者ハ、先ツ水ヲ択《えら》フヘシ、流泉井泉最モ好《よ》キヲ以テ上ト為ス、渓川長流之ニ次ク、水ヲ択テ後ニ米ヲ択フヘシ」とあり、酒の良否は水によって決まるから、まず良水を選べと教えている。もちろん米についても、「五畿、濃尾、海西肥壌之米ヲ以テ勝レタリト為ス」と産地まで挙げているのである。また麴の造り方でも、種麴《たねこうじ》を純粋に培養するのに木灰を使ったり、出来上がった麴の鑑定でも、「青黄色ノ麴ハ美ナリト雖モ風味佳ナラズ」（『和漢三才図会』）と、まことに細かい観察を行っている。

元《もと》（酛、酒母）の育成でも、貞享四年（一六八七年）の『童蒙酒造記《どうもうしゅぞうき》』などにはすでに「枯《から》し」という方法をすすめている。これは今日の酒造りでも必ず行われている手法で、多量の酵母を育成する酒母が完成しても、それをすぐに仕込みに使わずに、多量のアルコールと酸の存在下で数日間そのままにして馴養するのである。これによって酵母はもろみに移ってからも強健さを保ち健全な発酵を行う。微生物の存在など知らず、しかもそれが顕微鏡的微細な生きものであるのに、その性質を知りつくしたようなこの育種法には、まったく驚かされる。

もろみの仕込みの大きさは、江戸前期は三石（約五四〇リットル）であったが、大桶の出現や需要の拡大などから次第に大型化された。一七〇〇年ごろには一本のもろみを仕込むのに米を一・五トンも使っているが（『本朝食鑑』『和漢三才図会』『小林家文書』など）、これは今日の日本酒の標準仕込みと同じ規模である。

酒株と株改め

幕藩体制成立当時から、幕府や藩は酒造政策を諸産業の中で最も重要と考え、厳重な統制

元禄２年（1689年）の諸白．古伊万里白磁のこの酒壺は，長野県北佐久郡望月町（現・佐久市）の大澤酒造会社の蔵で昭和43年に開封された．酒は濃い褐色を呈していたが，馥郁たる香りは悠久の浪漫を漂わせるものだった．分析したところ，300年もの長い間に水分が少しずつ飛んで濃縮されアルコール度数は24％であった

をしいてきた。それは、酒造りが幕藩領主経済の存続を左右するほどの米穀加工業であったためで、米価調節の点からも統制は絶対必要であった。そこで幕府は、明暦三年（一六五七年）に「酒株」（「酒造株」ともいう）を設定し、酒造業者に対して税制面からの統制を開始した。

各酒造家の醸造量（または原料米量）を株高として札に表示し、この株札に蔵元の住所、氏名などを記して交付したのである。こうして株札の所有者だけに酒造営業権を公認し、しかもその株高を超過して酒造することを厳禁したのであった。

この酒株制度はしばらく続いたが、酒の需要は拡大し、酒造業者は現所有の株高では応じきれない状態になった。そこで幕府はこれまでの株高と希望の造り高との懸隔を調整するために「株改め」という制度をつくり、新たな株高を認めはじめた。明暦三年に酒株が設定された後、第一次株改めは寛文一〇年（一六七〇年）に、延宝七年（一六七九年）には第二次、元禄一〇年（一六九七年）には第三次の株改めが実施されている。

この第三次株改めによって確認された株高は「元禄調高《げんろくしらべだか》」と称されて、全国的な規模で展開しだした酒造業を幕府が営業特権として公認したものである。今日の酒造業者の中に、たとえば「創業三百年」などと歴史の古さを誇っているのは、この頃に公認された酒造家である。

酒の計売り．酒屋の店頭で女童が持参した長頸徳利に漏斗を当て斗甕から柄杓で諸白を注ぐ酒屋の内儀．杉玉も見える．このようにきちんと計売りされているところをみると，役所による酒造量と販売量の調べは厳密で，酒税の取立ても厳しかったに違いない（『人倫訓蒙図彙』元禄３年）

なお、酒株の売買は同一領内においてのみ許され、他国間の移動は禁じられていた。これは酒株に賦課される冥加金が地域性や領主の支配関係によって必ずしも同一でなかったためである。さらに酒株には、江戸積出しを許可された「江戸積株」、専ら地元で売る「地売株」というように、流通に関してもいくつかの種類があった。この酒株制度は、明治四年

両国の川開き．とにかく江戸の人口は多かった．水の上でもこのとおり．川開きの日などは，広い墨田川も屋形船でごった返し，船の上では大宴会が繰り広げられていた（『江戸名所花暦』）

（一八七一年）の「酒造免許制度」に切り替るまで、実に一七四年間も続くのである。

酒が強かった江戸の人たち

徳川家康が入城して以来、江戸は政治、経済、文化の中心として発展し、次第に全国最大の消費地としての体制が出来上がっていき、元禄時代には国中の物資が江戸に向かって動くようになった。

元禄一〇年（一六九七年）、江戸での酒の消費量は四斗樽で年間六四万樽だったのが、天明五年（一七八五年）には七七万五〇〇〇樽に達し、一八〇〇年代に入って文化文政の頃には、実に一八〇万樽もの酒が江戸に入ってきたと記録されている。

天明七年（一七八七年）の『蜘蛛《くも》の糸巻《いとまき》』によると、当時の江戸は「町数二七七〇余町、市中人口一二八万五三〇〇人」とある。実際の数とは多少の違いはあるだろうが、一〇〇万人を突破していたことは間違いないとみてよいだろう。この人口は当時西欧第一の都市であったロンドンを遥かに凌いで、世界第一位であった。江戸の町人居住地は今の中央区、千代田区、港区、台東区の一部、江東区の一部、新宿区の一部、墨田区の一部を含む小さな地域であったから、その人口密度たるや相当のものであった。

人口を仮に一〇〇万人とみて、酒が最も多く江戸に入った量（一八〇万樽）を基準にして一人当たりの年間消費量を算出すると、四斗樽で一・八樽となる。一人当たり毎日欠かさずに約二合飲んでいたことになるが、一部の老人や女性、子供など飲酒をしない人たちを差し引いて換算してみると、飲酒者一人当たり三合を一日も欠かさず一年間飲んでいた勘定になる。これは今日の日本人の一人当たりの飲酒量と比べると実に三倍近くもの量となる。なぜ、これほどの酒が飲まれていたかは謎であるが、それにしても江戸の人たちは酒が強かった。

当時、江戸で消費されていたのは「下《くだ》り酒《ざけ》」と呼ばれた灘目、伊丹、西宮あたりのいわゆる本場からの酒と、美濃、尾張、三河といった東海道筋や江戸周辺からの「地廻《じまわ》り」と呼ばれる酒であった。そのうち「下り酒」は常時七―九割を占めていた。

灘の酒、伏見の酒

江戸には大量の下り酒が本場から搬入されていたが、とりわけ灘酒に人気が集中していた。諸白の先進地である伊丹や池田、伏見を追い抜いて、灘の酒が高い占有率を占めていた最大の理由は酒質の優秀さにあった。弘化・嘉永年間（一八四四―五四年）に灘五郷の一つ魚崎郷の酒屋岸田右衛門が記した文書でも、「西宮の井水、摂播の米、吉野杉の香、丹波杜氏の技倆、六甲の寒風、摂海の温気が相合し、相凝りてその特長を化成す」と、灘酒の優秀さの要因をあげている。特に「宮水《みやみず》」といわれる仕込み水は、硬度が高く、リン、カリウム、カルシウムといった発酵にとって願ってもない無機質を豊富に含んでいたので、理想的であった。

また水車精米の導入も灘酒の優秀さに拍車をかけた。他の名醸地がまだ足踏み精米（玄米を足踏み式の碓《うす》で搗いて精米する）であったとき、灘では水車精米に切り換えて好成績をあげたのである。足踏み精米は非常な労力と時間が費やされる上に、処理量も限られているが、水車式に切り換えてからというものは、大量の精米が可能になったばかりでなく、高精白米が得られるようになり、酒質の向上に決定的効果をもたらした。

灘五郷や西宮、伊丹と共に名醸地の名声が高い伏見の名酒は、政治的に幾つかの試練を経験しながらも、江戸時代末期から明治維新にかけて再び一大発展を遂げる。そもそも伏見で酒が造られたのは大変に古い。五世紀に渡来氏族であった秦人《はたびと》は京都盆地に移住し、嵯峨の

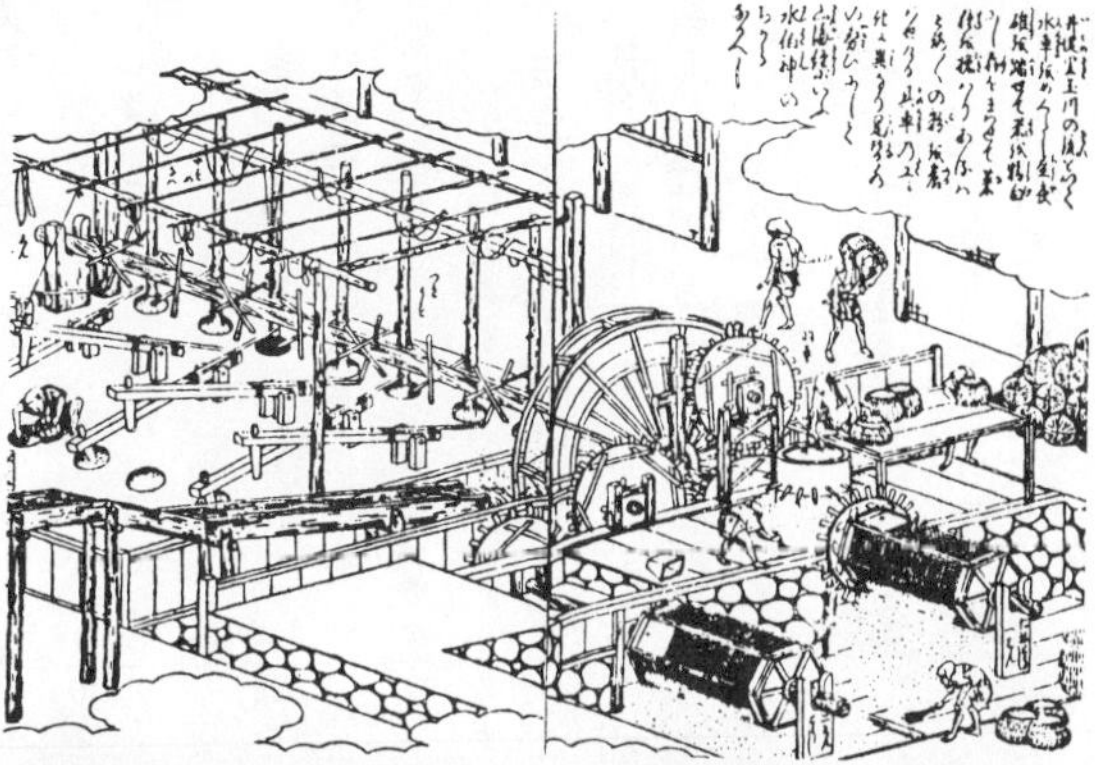

水車精米．灘では他に先がけて天明年間に水車精米を導入した．それまでの足踏み精米に比べて，比較にならないほどの能力と優良精白米が得られた．最盛期には277の水車場があり，臼数は２万4000台を数えた．水車１基で約100臼が搗け，１日で2000kg精白できた（『拾遺都名所図会』 天明７年〔1787年〕）．下の写真は大正時代の同じ灘での水車搗精風景（『灘の酒用語集』）

太秦の広隆寺一帯や伏見の深草稲荷神社一帯に拠点を築いて養蚕、織物、陶業など高度な技術を展開しだした。彼らは酒造りの技法にも長じていて、すでに良酒が醸されていた。八世紀になって、平安京が造営されその大内裏《だいだいり》に朝廷の酒を造る所としての「造酒司《さけのつかさ》」が設けられたとき、その実務に当たったのが秦氏一族であったことから、京の酒はさらに発展する。

京都は古くから酒の神、商いの神を祀る神社が多いのをみてもわかるように、洛中洛外の酒は常に京市民の酒として大いに嗜《たしな》まれてきた。室町時代になると、のちに述べるように「柳酒」に代表される著名な酒屋が隆盛し、応永二二年（一四一五年）の酒屋の名簿によると、洛中洛外あわせて三四二軒の造り酒屋があった。その中で伏見は嵯峨と共に洛外の名醸の地として、名門酒屋が集まったところである。

洛外の酒はその後も発展を続け、明暦三年（一六五七年）には伏見の酒造家八三軒、その製造石数は一万五六一〇石に達したが、この頃は池田、伊丹の酒の全盛期で、灘は寛文六年（一六六六年）でまだ八四〇石という記録があり、酒の産地としては産声をあげたばかりであった。

伏見の酒は地元で消費されることが多かったが、江戸時代に入ると京の町は近衛公に庇護されたその領地の伊丹の酒が独占するところとなり、伏見酒の京市中への進出が禁ぜられることもあった。江戸への出荷も、地の利の悪さがあって思うにまかせず、そのうちに江戸積廻船をうまく利用した灘酒が急激に発展する。このような背景もあって、伏見の酒屋は天保四年には二七軒（七一九七石）にまで激減した。

その上、慶応四年（一八六八年）には「鳥羽伏見の戦い」が起こり、町の大半が焼失、酒蔵もほとんど被災するなど伏見の酒の生産量はなんと一八〇〇石にまで減少してしまった。だが、明治一〇年の「西南の役」以後、ようやく社会も経済も安定しだすと、伏見酒が全国に広がる基が築かれた。明治二二年に東海道線が開通、江戸時代は二—三週間もかかった東京への酒送りも、わずか一日で可能になるという画期的な変革が起こる。木村清助、大倉恒吉といった人たちの先駆的な努力もあり、また酒自体がもともと優秀であったので、長く中断していた東京方面への販路が再び開拓されたのである。以後伏見酒は奇跡的な再興を遂げ、ついには灘と並んでわが国の二大生産地の地位をつくりあげたのである。

三、近代日本酒の誕生

酒造りの科学

日本の酒造りが最初に海外に紹介されたのは、ドイツ人医師エンゲルベルト・ケンペルの著『日本誌』（一七二七年）と、アイルランドのダブリン市で刊行された『世界酩酊性飲料』（一八三八年）である。前者は当時のわが国を知るための貴重な書物であり、西欧人によって書かれた唯一の書物でもあった。その中に江戸中期の酒造技術が述べられていて、著者ケンペルはその工程の巧妙さに驚き、「世界のいかなる国でも真似のできない技術である」と絶讃している。後者でも、著者は江戸末期の日本の酒造りの奥行きの深さに感心し、大いにこれを褒め讃えている。

鎖国が解け明治時代に入って社会が一変すると、それまでの経験あるいは勘に頼っていた酒造りの技術に科学のメスが入れられはじめる。外国から導入された高度な技術情報や学問は、わが国独自の醸造技術をさらに充実させる重要な糧となった。特にドイツ、イギリス、オランダ、フランスなどヨーロッパ先進国からの御雇《おやとい》教師たちの果たした役割は大きい。彼らは、自ら日本の酒を研究するかたわら、その成果を化学や生物学という基礎におきかえて醸造学を説いたので、知識を求めながらそれに飢えていた日本人技術者の頭脳に、新鮮な栄養剤を注入することになった。彼らはその知識を着実に理論と実践に結びつけ、日本酒造りの周辺を学問的に整理しはじめたのである。

御雇教師はまた、近世日本の酒造りを世界に知らせる役割も果たしたので、海外の学者の間で日本の酒に対する関心が高まることにもなり、日本人学者との意見交換も始められた。その中で明治九年（一八七六年）に来日した東京医学校（今の東京大学医学部）の博物学教師ヘルマン・アールブルクは、日本人に最初の麴菌学を教えた人として記憶される。彼は日本酒醸造に活躍する麴菌を、世界に例をみない優秀なカビであるとして報告し、アスペルギルス・オリゼー（*Aspergillus oryzae*）と命名した。不幸にしてアールブルクは、日光に植物採集に出かけた際、赤痢にかかって、明治一一年八月二九日に客死した。政府はその業績を称えて、在ドイツの未亡人に多額の弔慰金を贈ったほどである。

　アールブルクと同じ年に来日し、東京医学校の化学教師であったドイツ人のオスカー・コルシェルトは、来日前にライプチッヒとドレスデンでビール工場の技師をしていた人だが、

機械化のはじまり．明治時代に入ると，業界誌紙には最新式醸造機械の宣伝がひときわ目についた．上は酒を殺菌（火入れ）する装置，下は酒を搾る揚船（あげふね）機（明治23年）

サリチル酸を添加してビールの防腐に成功した人でもあった。彼は日本の酒の「火落《ひお》ち」（火入れ殺菌が充分でないと、酒に特殊な乳酸菌が増殖して、たちまちのうちに腐らせてしまう現象）にいちはやく気づき、日本酒にサリチル酸を添加するよう指導した人としても知られている。もちろん今日の日本酒製造は、火入れ殺菌装置や除菌装置が完備し、酒造蔵自体も清潔になったのでサリチル酸の添加は不要となり、禁止されているが、明治初期の、おびただしい数で営業していた酒造場（明治九年には全国に実に二万六一七一場もあった。現在は約一二〇〇場）で火落ちが頻発していたことを考えれば、当時としてはまさに画期的なことであった。

また同じころ、東京大学理学部の教師であったイギリス人のロバート・ウィリアム・アトキンソンも、影響を及ぼした人のひとりである。彼は化学を教えるかたわら日本の醸造技術を世界中に紹介した人で、エドワード・キンチ、オスカー・ケルネルなど日本の酒造りの学問的発展に貢献した人たちとともにその名を留めておかねばならない。

さらに忘れてならないのが、それらの御雇教師の薫陶を受けたり、西欧に留学して戻ってきた技師や学者たちである。明治一六年、今の愛知県知多郡亀崎町（現・半田市）の伊藤七郎兵衛の蔵で、舶来の寒暖計を使ってもろみの発酵管理をしたり、連続醸造法の技術を確立した工部省大技長の宇都宮三郎、清酒酵母をサッカロマイセス・セレビシエ（*Saccharomyces cerevisiae*）と命名してその分類学的位置を定めた矢部規矩治《やべきくじ》らが果たし

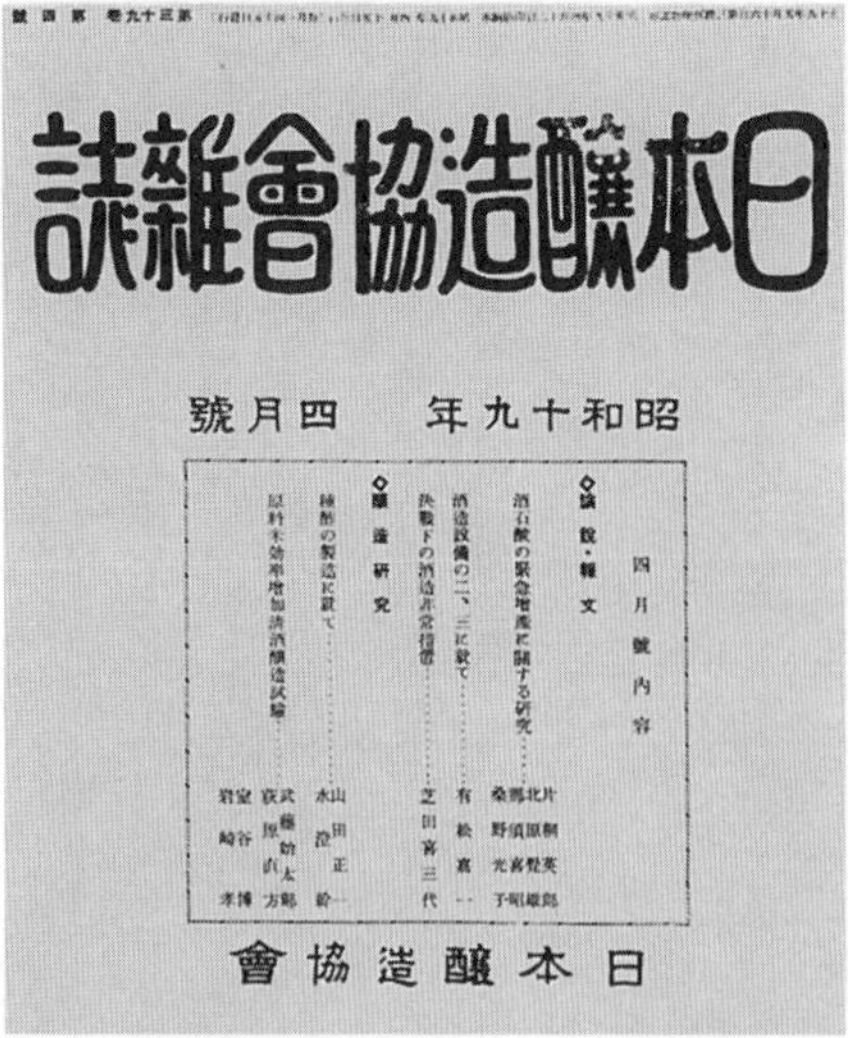
第三十九卷第四號

日本釀造協會雜誌

昭和十九年四月號

四月號內容

◇論說・報文

酒石酸の緊急增產に關する研究……片桐英郎・北原覺雄・那須喜明・桑野光子

酒造設備の二、三に就て……有松嘉一

決戰下の酒造非常措置……芝田喜三代

◇釀造研究

糠酢の製造に就て……山田正一・水澄鈴

原料米効率增加清酒釀造試驗……武藤助太郎・荻原直方・室谷博・岩崎孝

日本釀造協會

戦時中の『日本醸造協会雑誌』．この月刊雑誌は明治39年に創刊以後今日までに116巻（通算約1400号）を数え，日本酒の発展に大きな役割を果たしてきた．しかし，戦時中はこの号のように軍事物資である「酒石酸の緊急増産に関する研究」や，「決戦下の酒造非常措置」「原料米効率増加清酒醸造試験」といったものが掲載され，世相がにじみでている（昭和19年）

た役割は大きいが、とりわけ、明治一九年に駒場農学校（今の東京大学農学部）を卒業し、そのまま学者の道に入った古在由直（後に東京大学総長にもなる）の活躍は特筆に値するものであった。

古在は明治二四年に、やはり矢部と同じく清酒酵母の純粋培養説を提唱するなど、学問と実践の両面にわたって活躍したが、同時に日本酒の将来を真剣に考え、国立の研究機関として醸造試験所の必要性を訴え、その設置に奔走した。そして明治三四年に、大蔵省と農商務省の両省でその設置方の調査が開始され、翌三五年に設立が決定された。設立の趣旨には、「日本酒造りがただ伝統的操作を踏襲するかぎり、品質改良はおろか腐敗、変味は跡を絶たないであろう。それでは業界の発展はもちろん国民の衛生保健上からも、国家財政上からも憂うべきものがある。このさい政府は国費をもって醸造に関する研究機関を設け、酒造りの技術方法についての試験研究を行い、その成績を業者に知らせ、併せて指導も行う」（『醸造試験所沿革の梗概』）とある。

正式には明治三七年（一九〇四年）五月に開所されたが、古在はその所在地の選定に当たっても大いに貢献し、酒造りのための水と気候風土が最も優れていて、しかも大蔵省のお膝元でもある今の東京都北区滝野川の地（現在は広島県東広島市に所在する酒類総合研究所）に決定させたのであった。飛鳥山の桜が目の前に映り、音無川の清流が眼下を流れる、まさしく酒の研究にはうってつけの地である。この研究所が直ちに大蔵省の所管となったのは、醸造技術の改良や研究は酒税の税源涵養と密接な関係にあり、酒税事務と切り離せなかったからである。

こうして、古在らの尽力によって設立された醸造試験所は、その後、研究員の江田鎌治郎が今日の速醸酒母を完成したり、多くの研究所員の研究によって、清酒の腐敗を防止する対策を確立するなどの業績を挙げている。また品質向上のために、「全国新酒鑑評会」を開催している。さらに、実際に酒造りに携わる杜氏を集めて講習会を開催するなど、醸造業発展のためにさまざまな事業を展開してきた。

このように明治時代の日本酒の周辺は、江戸時代までに積みあげられてきた知恵と経験にもとづいた技術に科学が加わって、一気に花開いたという状態であった。

合成酒、アル添酒、三増酒

大正に入ってからも、日本酒の製造はますます大規模となり、大正中期で年間約六〇〇万石を突破、二度の大戦を経て昭和四八年度には史上最高の七八〇万石（約一四二万キロリットル）にも及んだ。この量は一升ビンにして約七億八〇〇〇万本にもなる。その後は食生活の洋式化や、ビール、ウイスキー、ワインの著しい攻勢で日本酒は伸び悩み、最近では平成三年度で一〇六万キロリットルと漸減している。

ところで日本酒が漸減してきた理由の一つに、戦時統制時代の大きな置土産である「三倍増醸酒」の存在をあげる人がいる。敗戦直後の悲惨な世情の中で、とにかく国民に日本酒を供給しなければという切望から、苦肉の策として生まれたのが「合成酒《ごうせいしゅ》」であり「アル添《てん》酒《しゅ》」であり、そして「三増酒《さんぞうしゅ》」であった。

合成酒はすでに、明治三〇年ごろから研究が進められていたが、実際に造られだしたのは

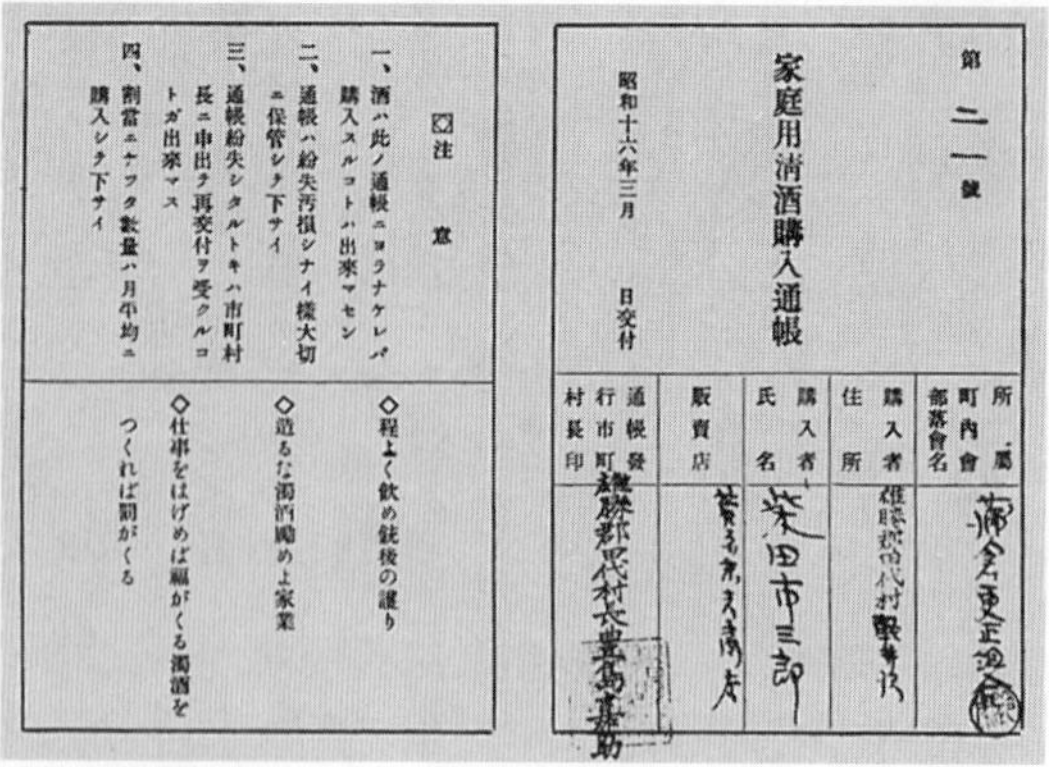
第 二一 號

家庭用清酒購入通帳

昭和十六年三月　日交付

所属町内會部落會名

購入者住所

購入者氏名

販賣店

通帳發行市町村長印

◎注意

一、酒ハ此ノ通帳ニヨラナケレバ購入スルコトハ出來マセン

二、通帳ハ紛失汚損シナイ樣大切ニ保管シテ下サイ

三、通帳紛失シタルトキハ市町村長ニ申出テ再交付ヲ受クルコトガ出來マス

四、割當ニナツタ數量ハ月平均ニ購入シテ下サイ

◇程よく飲め銃後の護り

◇造るな濁酒慎めよ家業

◇仕事をはげめば福がくる濁酒をつくれば罰がくる

酒の配給通帳．注意書きに「程よく飲め銃後の護り」などと書いてある．３ヵ月間に１人２升購入できた

大正七年からである。この年、米価が一升五〇銭を突破したというので、富山県からはじまるいわゆる米騒動が全国に波及した。このとき、後にビタミンの研究で世界的に著名な生化学者となった鈴木梅太郎らが、米不足の時代に、酒に米を使うことは国民への主食供給上から不利と考えて、合成酒の研究を開始した。その結果、糖液にアラニンというアミノ酸を加えて酵母で発酵させたものからは、清酒に近い香りが出てくることを知り、これにアルコール、糖、アミノ酸類、有機酸を加えて合成清酒を完成させた。このころは合成酒というよりは、鈴木梅太郎が理化学研究所に所属していたことから「理研酒《りけんしゅ》」という名前で親しまれていた。

大正一〇年には約一〇万石（一万八〇〇〇キロリットル）を製造、販売したが、当時清酒は約三〇〇万石（五四万キロリットル）造られていたから、清酒に対する合成酒の比率は約三％であった。戦時中の昭和一七年には四〇万石（七万二〇〇〇キロリットル）となり、終戦後は極度の物資不足もあって、昭和二四年には三〇万石（五万四〇〇〇キロリットル）にも及んだ。しかし、経済成長に伴って以後は次第に激減し、今日では二万二九七〇キロリットル（平成二年）にすぎない。この数字は平成二年度に生産された日本酒（一四一万キロリットル）に対して約一・六％に当たるわずかなものになった。

昭和一二年の日中戦争、同一四年の第二次世界大戦と、次第に引締めが厳しくなった戦時体制の下では、主食の米が酒に代ることを放置はできなかった。次第に酒に対する官僚統制が始まり、それまで酒造りに使われていた三〇〇万石の米のうち一〇〇万石が国民に供出され、酒の生産も統制前の約半分の二四〇万石に抑えられることになった。

こうなると酒も大いに不足したから、必然的に街に横行したのが「金魚酒《きんぎょざけ》」や「むらさめ」という名で呼ばれたいんちき酒であった。酒に水を加えて増量した味の薄い酒のことで、金魚が酒の中で泳げるほどアルコールが薄いというので「金魚酒」の名がつけられ、「むらさめ」は、街で飲んだ酒が村まで帰るうちに醒めてしまうとの笑い話からついたのだが、こういう酒は特に地方で幅をきかせていた。

政府はその対策として、昭和一四年に有史以来初めて日本酒のアルコール濃度を今の一五―一六％に決め、また昭和一五年から一八年にかけては上等酒、中等酒、並等酒といった区別や、特級酒、一級酒、二級酒、三級酒といった級別に分けて酒質の確保に力を注いだ。万一これに違反する時には、国家総動員法違反として重罪を科するという厳しいものであった。しかしついに昭和一八年、戦時体制の一層の強化策として酒は配給制度となり、自由に売り買いできなくなってしまう。配給制度は敗戦後の昭和二四年まで続いた。

配給制度が終わっても、酒造原料米の不足はまだまだ深刻であった。そこで考え出されたのが、合成清酒よりは味も香りも本来の清酒に近い「アル添酒」（「アルコール添加酒」の略）であった。合成酒が米を一切使わず、アルコールや糖、酸類等を混ぜ合わせて、清酒に似たものを造るのに対し、「アル添酒」はまず日本酒を造っておいてから、これにアルコールと水を加え、増量するものである。この方法はすでに昭和一七年、もろみに商工省燃料局生産のアルコールを添加することが承認されていたのがよみがえったもので、終戦直後から全国の酒造業者の間に少しずつ広まり、昭和二三年には大半の酒造家が取り入れた。当時の規則では、一級酒へのアル添量は白米一トン当たり純度一〇〇％のアルコールで一〇八リットル、二級酒では一八〇―二五二リットルであった。

このような食糧事情を背景として、さらにもうひとつの方法が昭和二四年から登場した。「三増酒《さんぞうしゅ》」、すなわち「三倍増醸酒《さんばいぞうじょうしゅ》」である。発酵を終えたもろみの末期に、アルコール、ブドウ糖、水飴《みずあめ》、有機酸類、調味料などを混和したいわゆる「調味アルコール」を加え、数日後に搾《しぼ》ると、香味をさほど損なうことのない製品が出来るというものである。

清酒は本来、一〇石（一・五トン）の原料米から一五石（二・七キロリットル）の清酒が得られるのを標準とするが、この方法によると一五石の清酒に度数三〇％の調味アルコール二〇石（三・六キロリットル）を添加するので、アルコール分二〇％の清酒が四五石（八・一キロリットル）出来るようになる。一五石に対してちょうど三倍の酒が得られるので「三倍増醸酒」の名前がつけられたのである。

この三増酒の出現により、米の節減は大いにはかられ、その上、日本酒の増産に拍車がかかり、製造原価も大幅に引き下げられるなど、当初の目標は十分に達せられるものとなった。その後わが国は、農学の進歩により米の生産が飛躍的に上昇し、また著しい経済復興をなしとげた結果、二〇〇六年の酒税法改正により「清酒」としての三増酒は「雑酒」扱いになり、三増酒の役割は事実上終わることになった。

ところで近年、日本酒の原料表示問題から端を発して、米だけの酒の優位性を格付けする機運が、酒造家はもちろんのこと、消費者からも湧き上ってきた。その煽りもあってアルコール添加酒や三増酒は減少の一途をたどっているが、これらの酒の存在について、必ずしも否定的でない酒造関係者もあることもつけ加えておかねばならない。

その根拠として、米だけの酒となると味が濃く飲みにくいタイプの酒になりやすい上に、出荷してから比較的早く酒質の老化が進むこと、経営的には市場で安定性があり口当りの良い酒を計画的に出荷できること、原料に対する経費の負担が小さくなり、その分を高級酒に向けることができること、このような酒は酒造家にとって酒税対策の上からも有利であることなどのほかに、大衆性のある酒を存続させておくことにより、消費者が少しでも経済的負担を軽減できる余地を残しておけること、を挙げている。

アル添酒、三増酒が日本酒の堕落につながるのか、また将来にわたっても存在する必要があるかどうかについては意見の分かれるところであるが、少なくとも始められた理由が戦時物資欠乏による統制のためであったことを考えると、今日すでにその目的は完全に達せられたのであるから、ここは一度振り出しに戻って、消費者が納得できる方向に修正すべきであろう。

幸いにしてここ十数年、アル添酒や三増酒が減少の一途をたどる一方、純米酒や本醸造酒、吟醸酒といった手造り感覚の酒が台頭している。造るほうも味わうほうも本物指向に走りはじめたのであるから、今が一番大切な時と考えてよろしいのではないか。たとえば「日本酒ルネッサンス」といった新しい態勢のもとに、消費者が信頼をもって付き合える日本酒の世界を、現代感覚によって新たに創造し直してみることは、日本酒の将来にとってきわめて重要なことではないだろうか。

級別制度から特定名称へ

酒に一定の規格を持たせて審査を行い、その判定によって特級酒、一級酒、二級酒に区分する「級別制度」（酒税法の規格では「特級とは品質が優良であるもの」「一級とは品質が佳良であるもの」「二級酒とは特級酒および一級酒に該当しないもの」となっている）は昭和一八年から行われていたが、特級酒は平成元年四月一日、一級酒および二級酒は平成四年四月一日から廃止された。

これまでは、この級別を参考にして酒の良否を判定する消費者も多かったが、これからはその級別もないのでとまどう人も多くなるかもしれない。とにかく酒は、王冠でピシャリと密封されているのであるから、試しに飲んでみて気に入ったら買うということのできない商品である。消費者の困惑を少しでも軽減させるためにも、これからの造り酒屋は中に入っている酒についてのさまざまな情報を消費者に知ってもらう努力をすべきであろう。

輸入ワインでは、ビンに貼った一枚のラベルで原料ブドウの品種、その生産地、収穫年号、格付け、製造日、検査公認番号などが一目でわかるようになっている。日本酒の場合も原料米の品種、精米歩合、甘辛度（日本酒度）、酸度、アミノ酸度、アルコール度、発酵日数、製造日などを表示して、消費者に積極的に知ってもらうサービスを惜しまず、努力すべきであろう。

また、日本全国には酒の小売店が約一七万六五〇〇店もあるのだが、そこで酒を売っている人の中には、意外に酒のことを知らない店主がいてがっかりすることがある。「酒売りの酒知らず」なのだが、これからは自分の店で売る酒についての情報はもっと把握して、消費者とのコミュニケーションに役立てなければならない。これまでどおり、ノロリトロリとやっていたのでは、消費者に相手にされなくなる時代が到来したのである。

平成四年四月一日に日本酒のビンから消えてしまった級別（規格）は、実はそのままそっくり町の酒販店に、見えない形で貼られてしまうのである。日本酒の中身をよく知って、それに対して自信を持って客と接している小売店は「特級小売店」であるから、客はいつもそこに行き、繁盛する。これに対して酒知らずの「二級小売店」は、客が寄りつかなくなるというように、消費者が小売店を差別化する時代がやってきたのだ。酒の売買に、酒屋と客が対話しなくなったら、もうお仕舞である。造る人（酒造会社）―売る人（卸問屋や小売店、料飲店など）―味わう人（客）という、この縦の線を今こそ強固にしなければ、日本酒はますます消費者から離れていってしまうだろう。

第四章　酒と社交と人生儀礼

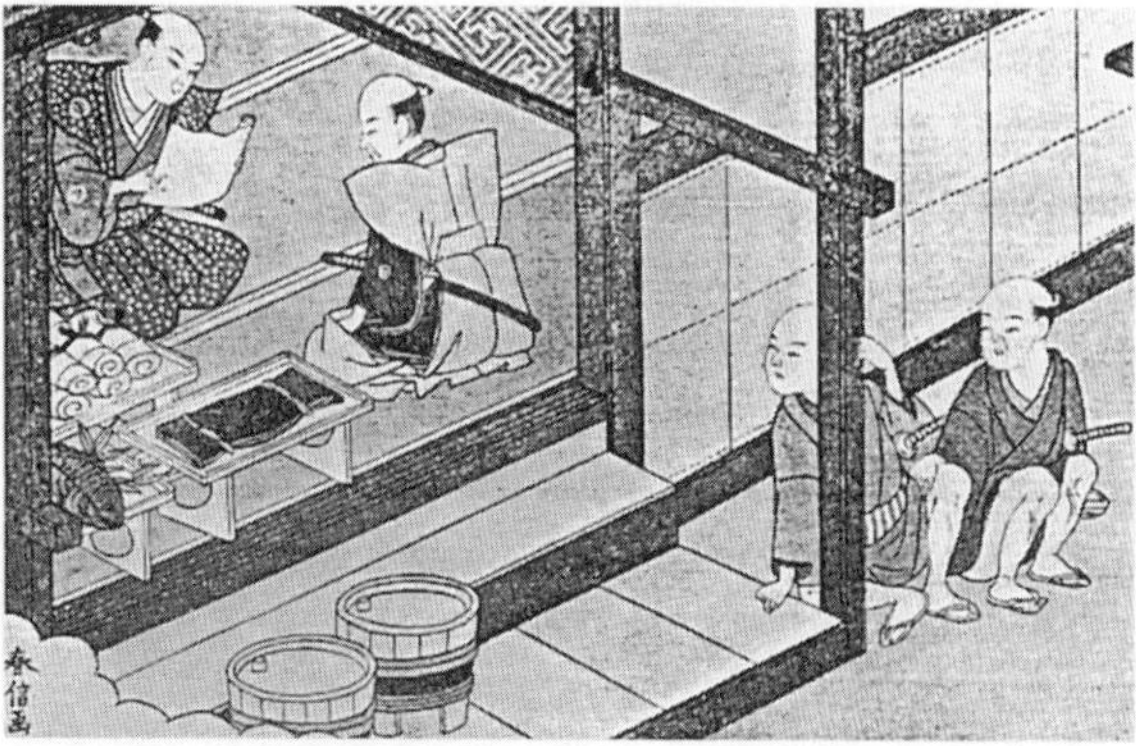

結納届け（江戸時代）．目録が読み上げられ，縁起ものの鯛，昆布そして酒が届けられている

祭りと酒と人

古代日本人が崇めた神は農耕生活、とりわけ稲作農耕と深い関わり合いを持っていた。縄文晩期に陸稲《おかぼ》による稲作が起こり、それに重層するように弥生時代に水稲耕作が始まると、それまでの山の神への畏敬に加えて、田の神、水の神への信仰も根をおろした。春の籾蒔《もみま》き前に山の神を田の神として迎え、秋の取入れが終わると再び神を山に送りながら、豊穣の期待と願望と感謝をこめて祭祀が繰り広げられた。

春祭には「歌舞飲酒」が中心であり、『常陸国風土記』（和銅六年、七一三年）には、「春の花開ける時」の節には男も女も食べものと酒を持って登山し、山の神の前で酒を酌みかわし、歌い踊って楽しんだ様子が述べてある。その他『播磨国風土記』（和銅六年）はじめ多くの風土記に「宴遊《うたげ》」「燕楽《うたげ》」「燕会《うたげ》」「喜燕《さかみずき》」「酒楽《さかほがい》」などの言葉が見え、人々が山や湧水場、水田の畦《あぜ》などで酒宴を張った様子がうかがえる。

このほか春には、豊作祈願としての小正月、田植神事、的射《まとうち》などの神事が行われ、夏は水害や虫害、伝染病といった祟《たた》り神を鎮める夏起しの祓《はらい》、秋は豊穣を祝う御供日《おそなえび》（刈上げ祭）、神嘗祭《かんなめさい》、相嘗祭《あいなめのまつり》、新嘗祭《にいなめのまつり》、そして冬は稲の御《み》魂《たま》を祈るみたま祭や火祭等々が行われてきた。

当時は酒は一人で飲むものではなく、集団の儀礼の中にあって、神と民衆の交流を図るものでもあったから群飲がほとんどであった。奈良時代の『儀制令《ぎせいりょう》』には、村の社での老人たちの酒礼が記してあり、神の前で畏《かしこま》りながら酒を酌みかわす人々の様子がよくわかる。今日の祭りでも神前に御神酒《おみき》が上がり、神輿《みこし》の前で世話人たちが酒を酌みかわす様子をみかけるのも、古い時代、超現実的な「神」と実存する「人」とを結びつけるための大切な役割を酒が担っていたことの名残なのである。

「酒盛り」という言葉がある。柳田国男によると酒はもともと神と人の間、人と人との間で共同の興奮を味わい、一体感を共感するものであり、だから酒は与えたり与えられたりするもので、神や貴人から分与されることを意味した「モル」という語をつけて酒盛りの概念が成立したという。神の前での集団飲酒によって、神への畏敬と感謝を表わし、併せて仲間意識と結束の強化をはかる祭りの酒盛りは、神を仲立ちとして人と人とが共に一つの甕《かめ》の酒を分かち合って酔うことを前提としているから、一つの大きな盃を上座から下座へと順に廻していき、一同が同じ酒を飲んでいくやり方が基本となったのである。

したがってこの考え方は、日常の儀礼にも通じ、たとえば婚礼の際に神前で同じ器の酒を同じ盃で分かち合うのも、夫婦の絆をつくり、また親族同士の仲間意識と結束を約束するためでもある。今日でも、宴席で「お流れ頂戴」とか「御返盃《ごへんぱい》」とか「酌《さ》しつ酌されつ」とかいって、一つの盃に皆が口をつけるという、世界でも類例のない奇妙な飲み方も、古代の酒《さか》楽《ほがい》の流れをくんだものなのである。

祭りの意味するところは、人々が神を迎え入れてご機嫌をとり結び、畏敬と感謝を表わすとともに、神と人とが一体になるためのものであるから、神々は訪れてくる超偉人的な客である。その来訪神に対し、御神酒を以て饗応するのは当然のことで、その役をするのは女性と決まっており、その人を「刀自《とじ》」といった(『日本書紀』)。

刀自は巫女《みこ》としての適性もあり、またそのような古い時代には、刀自は神社で神祭りのための新酒を仕込み、その新酒が熟したころの霜月と正月に、人々は神祭りをして、夜を徹して集団飲酒したのである。後述するが中世以降に、男の集団による酒造り専門職が登場し、それに「杜氏《とじ》」の字が宛てられたのはこの刀自から由来したというが、そのあたりについてはよくわかっていない。

祭りでの酒盛りの、最もオーソドックスなスタイルは、神に供饌したものを分与によりいただきあう「直会《なおらい》」である。直会は神事が終わった後、御神酒や神饌をおろして皆でいただく酒宴であって、気のきいた神社には広々とした直会殿または直会所が設けてあったが、この直会の御神酒にも特別の意味があった。すなわち神と同じ酒を飲むことによって、神の霊力が分与され、神の啓示を聞くことができるという信仰で、このことは多分に御神酒に対して宗教的、心理的効用を期待していたためである。

このように直会をして、神を崇敬しながらもその一面では、自己の願望を神に聞き届けてもらいたいとの都合のよさもあるから、そのためには人の側だけが酒を飲むだけでは具合がわるいので、祭神の縁起に因んだ神事を行って神を喜ばす必要があるということになり、直会に御神楽《おかぐら》を奏して神霊を慰めたりする。見方によっては、そこにこそ神を喜ばすという祭りの本当の意味が潜在しているのであって、祭りのとき、神前で酒と人とが実に滑稽な仕草を演じる事が多いのもその現われである。

高知県安芸地方の村に祀られた八幡神社では、三年に一度、五月三日に御田植祭りを行うが、その神事の中に牛に扮した男、牛遣いの男、酒絞りと称する女装の男、赤児取揚婆に扮した男が登場し、愉快な振舞いをして大いに笑わせる。また、静岡県伊東市にある音無《おとなし》神社では一一月一〇日の例祭の夜、氏子一同が闇夜の社殿に居並び、一つの盃で順繰りに御神酒を酌むが、このとき、一切の照明と発声が禁じられている。闇の中で盃を廻すのは難儀であるので、尻を摘《つま》んで合図しあうという、これも滑稽な尻摘祭《しりつみさい》というのもある。

さらに千葉県香取郡（現・香取市）内の明神様の中には、髭撫祭《ひげなで》を行うところがある。これは直会殿で濁酒《どぶろく》を酌み交しながら酒宴を催し、そのとき、口の周りに付いた濁酒の米粒を気にして髭を手で撫でた者はさらに三盃の酒が強いられるというものである。このほか各地に、神の前で人と酒とが実に滑稽な演技を演ずる祭りが少なくないのは、その背景に共通して来訪神を酒でもて成し、喜んでもらうという、神への感謝の念があるからである。

社交と酒と人

社会生活を営んでゆく上では、人と人とのさまざまな付き合いを避けることはできない。そしてそこには、大概の場合酒を介しての社交や贈答があり、酒が重要な役割を担うことがはなはだ多いのである。これは決して近世に始まった慣例ではなく、古い時代からの為来《しきたり》であった。

たとえば昔の山村生活をみた場合、新潟県東蒲原郡東川村（現・阿賀町）あたりでは、外部からの入村や分家は認められていなかったものの、潰れた屋敷を建てかえるとの名目で村人に酒を振舞えば、暗黙のうちにそれが認められたし、また岐阜県大野郡丹生川《にゅうかわ》村（現・高山市）のあたりでは、隣組入りする場合、その組に酒二升を振舞う必要があったという。また愛媛県東宇和郡惣川村（現・西予《せいよ》市）あたりの組入れには「オタノミガケノサケ」（お頼み掛けの酒）と称して酒を振舞った。これらの場合の酒の役割は、従来から住んでいる人たちに一日も早くとけ込もうとする心を披露するためであった。

また石川県奥能登では、新たに一家を構えるのを「ツラダシ」（面出し）と称し、ツラダシしたい旨を区の長に申しでると、明治の初期で酒一樽（一斗五升）と相場を決めていたところもあった。酒を振舞うことが、村に定住するための「けじめ」として大きな意味を持っていたのである。これらの為来をみても、酒は人と人とをスムーズに結びつける貴重な担い手となってきたことがわかる。今日ではほとんど消えてしまったけれども、越してきた人が、隣近所に酒を含めて何らかの挨拶品を配る習慣は残っている地方もある。

一方、これとは逆に従来からいた者が新しく来た者に酒を振舞うことは今日の社会に多くみられる。その代表が、新入社員、新入生の「歓迎会」である。これは、新人を歓迎するためと、上下関係の認知、職場（大学にあってはサークル）での結束と親睦などを目的とした仲間入りのセレモニーで、スムーズにとり行われるために、酒は大切な資具の一つとなる。

去り行く者を送る「送別会」にも、酒は登場する。この場合は去る者が酒を振舞う例はほとんどなく、昔から「ナミダザケ」（涙酒）と称して送る者から振舞われることが多かった。昔、石川県羽咋《はくい》郡あたりの農村では、他出する者から区長に家財の処分についての依頼があると、区長は「ヤスヤス」（安安か？）と称する競売会を催した。「番徒《ばんと》」という触れ役を近所に回して期日や場所を周知させ、これを受けて、他出する者の親類衆（親類無き場合は区長）が、集まった人々に茶碗で「ナミダザケ」を振舞ったのである。同じ石川県能美《のみ》郡あたりには「ウチアゲザケ」（打上げ酒）と称する振舞い酒があって、これも付き合いの最後を締め括る飲酒の会であった。

このような習慣は、今日では「送別会」や「追い出しコンパ」と名こそ変えてはいるが、今も多くの所で続いている。このときの酒の意味は、これまで世話になった「御礼酒」であり、新天地での活躍を祈る「励まし酒」であり、さらに別れるのは辛《つら》くて淋しいのだが、しかし区切りをつけなければならないという「御名残酒《おなごり》」なのである。

社交の酒といえば「人と人」というのとは別に、「家と家」とのつき合いに酒を絡ませている例も非常に多かった。家屋の新築や茅《かや》屋根の葺替《ふきか》えなど家普請に伴う場合、手伝った家へは賃金が支払われない代りに、後日自家で普請をする際には手伝ってもらえるという期待があり、互いの暗黙の承知が酒肴の供応という形で出てくるのである。このような意識から成立した関係は、ほかに田植、稲刈り、山焼き、根刈《ねが》り（下草《したくさ》刈り）、池浚《いけざら》い、網上げといった農林漁作業に色濃くみられた。「ユイ」（結い）、「テマガエシ」（手間返し）などと呼ばれて、隣近所や気の合った仲間同士で労力を提供しあうつき合いで、提供を受けた側では「ユイガエシ」（結い返し）、または「エエナシ」といって同等の労力を返すのが習わしであった。

仕事の合間は「コビル」（小昼）とか「コギュウハン」（小昼飯）といった間食が出され、仕事を終えた後は共に飲酒して、互いの信頼感を確認するのである。もしこれが、酒の代りにお茶であっては何とも静かな雰囲気の御苦労会になるだろうが、酒はまた、仕事の疲労を心身ともに解きほぐしてくれる、まことに結構な妙水であることも忘れてはならないことなのである。

春先に行われる浜掃除や道路普請、梅雨の前の「ドブサライ」または「エザライ」（溝浚い）といった隣組との共同作業も同じ意味合いを持つものである。

その他に酒がやりとりされるものに「火事見舞いの酒」がある。類焼見舞いあるいは近火見舞いを届けるとき、今日に至るまで、そのほとんどが酒であるのは注目される。とにかく早く届けることが肝腎で、そのため酒の等級や品質を吟味する時間もなかったということから、届けられる酒の多くは二級酒であった。何はさておき鍋釜の類や簡易の煮炊き場を用意し、掘立て小屋を建て、焼け跡の片付けをするためにかけつけた人たちに、酒を間に合わせなければならない。酒は作業する人の心を盛り上げて勢いづかせ、暗い気持を吹きとばすのに格好の見舞品なのである。

親密な間柄にある社交の中で、今でも地方に行くと色濃く残っているのが「若者酒」である。農作業が終わったり、漁から戻ったり、勤め先から帰ったりした時に、若者たちが費用を出しあって酒を買い、飲むというもので、伝統的な根強さで残ってきた。昔は、年少者を酒買いに走らせ、米や野菜などは各自で持ち寄り、時によっては近くの畑から芋や野菜などを失敬してくるといった若さを発揮したりして酒盛りをした。

若者酒は、父親の威厳が強かった時代、家の中での圧迫感を少しでもやわらげるのに都合がよく、また仕事や嫁選びなどの情報交換、内に秘めたものの発散などの意味からも大切であった。自村の若者たちばかりでなく、祭礼や催事のときには近隣町村の若者たちも招待した。招待された若者組は「ハナ」（花）として酒を持参していくのが習わしで、酒のとりもつ縁で友好の輪は村を超えて広げられてきたのである。今日の青年団や青年会議所などは、多分にこの若者酒にその原点をみることができる。

商品券の走り．この券を持って酒屋へ行くと，記入量の酒と引き換えることができる．右上に政府の印紙証，右下に商品券番号，中央左側には酒の引換期限が見える（明治時代）

日頃世話になっている人へ贈る品として酒を選ぶことが多いのも、古くからの習慣である。小作人が地主へ、網元の子分が親方に、分家筋が本家筋へ、嫁の実家が嫁ぎ先へ、部下が上司へ、新夫婦が仲人へと、酒を携えた年末年始、中元のあいさつが行われる。

現在は宅配便やバイク便など輸送事情が飛躍的に向上したから、現品を持参しなくてもすむ場合がほとんどだが、昔はどんな場合でも送るということはせず、熨斗《のし》をつけた酒を抱えて訪問した。つまりは飲み食いを前提とした品定めでもあったので、たいがいは特級酒とか一級酒が選ばれた。そこで年下の友が日頃御世話になっているのを感謝するために一升酒を下げてきた時のことを、

一升を下げてきた友二升飲み（宗像駄々）

というほほえましい名川柳もつくられたのであった。酒を届けることの理由の一つに「難をさける」にかけたのだという俗説もあるが、実は酒を介して上下関係を再認識するということと、同じ陶酔感の下に一体感を強化するという意味があるのである。

新しい年に、多くの場合酒や肴を手土産にする「年始礼」では、まず迎える側は冷酒としての屠蘇を出し、次に燗酒を振舞う。訪問者が通された部屋は床の間付きで、朱塗り膳の上には御節《おせち》料理が盛られ、金銀紅白の水引が飾られた酒器で酒を酌《の》ましてもらうのであるから、その演出効果は満点である。この場合も酒は、主人と客とを仲立ちするためのものであり、また互いの関係を再認識させるために絶大な役割を演じているのである。

「盆と正月が一緒にきたような賑やかさ」という表現まである「盆」は、先祖の霊を迎える仏教儀式であるから、他出している者や親戚などもまじえて仏の前で酒を酌み、一時帰宅した霊を慰めることである。この場合には酒と素麵《そうめん》を土産に選び、白黒の水引の「御仏前」という熨斗紙を貼って仏前に供える例が多い。忙し過ぎたり、また遠く離れているとついつい墓参りもままならないが、お盆になら、酒を下げて行けば、実家の敷居を跨《また》ぎやすかったことも否めない。持参した盆酒での酒宴は、親族意識と結束をいやが上にも高めるのである。

桃の節句はなぜ白酒か

一度しかない人生なので、その折り目折り目には厳格であり、格調の高い儀礼があった。この場合でも酒は欠かせないものとして登場してくる。人の一生を大まかに追いながら、酒と人生の儀礼について述べよう。

誕生祝いの酒は、今日では影が薄らいだが昔は盛んであった。子供が誕生した家では、まず神棚や仏壇に酒を供えて安産を感謝し、向う三軒両隣と区長、近い親戚たちが誕生日から一ヵ月くらいの間の吉日に集まって、生まれた子の将来に幸多かれと祈りながら飲んだ。そしてたとえば、中山寺から安産のための晒《さらし》を受けてきたならば、新しい晒と酒を添えて寺に礼詣した。

だがむしろ、誕生の祝いよりも初節句のほうが、酒祝いとしては盛大であった。乳幼児の死亡率が高かったから、よけいにそうだったのであろう。

雛祭りは三月三日を上巳《じょうし》の節句として、婦女子供の大切な行事であったが、とりわけ初節句ともなると、客を招待して賑やかに酒宴を張ったものである。雛壇の前で女児から大人に至るまで、一同揃って白酒《しろざけ》に舌鼓を打ち、和気藹々《あいあい》のうちに夜を過した。初節句や雛祭りは、女児の情操教育上意義深いことではもちろんであるが、同時に女児の披露紹介の意味も込めてのセレモニーである。さらに一家団欒、親戚結束、友人親睦の意味合いも、初節句にかこつけて、酒を通してしっかりと図られているのである。

ところで雛祭りは、すでに奈良時代に、上層階級の子女が優美な雛飾りを競い合い、貴族や武士家庭を招待したことに始まるが、当時すでに白酒が用いられていた。その理由は明らかではないが、大昔からあった濁酒《にごりざけ》がアルコール分と酸味を多くした辛口の酒で、酔うのを目的にしているのに対して、白酒は甘味を多く残してアルコール分を抑えた、いわば女性のための酒なのである。

雛祭りと白酒．雛祭りでの白酒は，奈良時代の貴族にさかのぼるという（『日本歳時記』貞享５年）

では、その酒の色が白であるのは何故なのだろうか。昔からこの辺も定かではないのだが、これはおそらく、雛祭りにつきものの桃の花の色と深く関係づけられていたのではあるまいか。雛祭りは一名を「桃の節句」ともいい、今日でも雛壇の前にまず活けられるのは桃の花である。この清楚な艶々しい枝の触感はまこと少女の玉の肌を思わせ、ふっくらとして柔軟な色感を見せる花は、少女の純な恥じらいを表徴しているかのようである。だからこそ桃の花は、三月の節句に相応しいものであるとされたのであろう。実はそればかりでなく、昔から桃は邪気を払う長寿延命の霊木とされていて、「もも」が「百歳《もも》」を表わす縁起の良さからも、節句の花とされてきたのである。

そういう意味をふまえながら、白酒の上に桃の花びらを浮かばせ、花と一緒に白酒を飲んで長寿延命、万病の薬にしようとしたに違いない。そんなとき、澄んだ酒よりも、純白無垢の酒に妖しいほどに美しい色彩を持った桃の花を浮かべたほうが、遥かに女性的優美さを演出でき、結局は視覚からも心身ともに清浄であるという心を宿させることができたのである。そのようなことから、雛祭りには白い色の酒が必要であったと私は考えるのだが、いかがなものであろうか。

端午の節句と元服

男児の初節句は端午《たんご》の五月五日である。この日は鯉幟を立てたり、鍾馗《しょうき》様の旗や人形を飾ったりして親戚縁者、近隣、日常世話になっている人たちを招待して酒宴を張り、男児の披露と今後の世話を期待する。昔は武家の間ではこの儀式はきわめて重要かつ神聖なものと受けとめられていて、祝賀のために特別の樽酒を注文して振舞ったり贈ったりした。また富裕な商人の中には、初節句の祝酒と称して、店の前を行き交う町の人たちに枡酒を振舞ったという記録も江戸中期に残っている。とにかく一家の跡継ぎとして、またお国の担い手として、男児の出産は女児よりも喜ばれたという精神風土が長く続いていたこともあって、端午の節句は武道精神や家父長制度の色濃い儀式でもあった。

男子が成人になったことを社会的に承認し、これを祝う通過儀礼の儀式を「元服《げんぷく》」という。「元」は首、「服」は着用するの意で、「首服を着用する」儀式であるから「首服《しゅふく》式」「首《しゅ》飾《しょく》式」「冠礼《かんれい》式」「加《か》冠《かん》式」「初冠《ういかぶり》」「御《み》冠《こうぶり》」ともいう。

古くは天武一一年（六八二年）に規定された「男子結髪加冠の制」が最初で、以後朝廷、貴族では重要行事の一つとして定められ、聖武天皇は和銅七年（七一四年）一四歳で元服したと記した文書もある。冠をかぶせて行う儀式だが、武士社会では冠に代えて烏帽子《えぼし》を用い、理髪して元結《もとゆい》で髪を結んで「髻《もとどり》」（髪を頂で結うこと）とした。元服はその後、民間にも及んだが、いずれの場合でも子供から大人へ上がる節目の儀式なので、その席には酒が重要な役割を果たしてきた。

酒の道を教える図（江戸時代）．昔は元服式を迎えると，正しい酒の飲み方を通じて，礼儀作法や精神の修養も教えた

今日、民間での厳格な儀式は地方にわずかに残るほどになったが、その中で昭和六二年に重要無形民俗文化財に指定された栃木県塩谷郡栗山村（現・日光市）大字川俣に伝わる集団元服式（毎年一月下旬の土曜日）は、次のような式次第で執

り行われる。

後見人ともいうべき仮親《かりおや》（両親とも）を「オヤブン」（親分）、新しく元服する者を「コブン」（子分）と称し、両者間で親子契りの盃が交わされる。コブンは年下の「ツレ」（連。付き人のこと）を伴い、各自のオヤブンと対座。オヤコ盃は雄蝶盃《おちょう》（男児）、女蝶盃《めちょう》（女児）を介し、オヤブン（父）→コブン→オヤブン（母）→コブン→オヤブン（母）→オヤブン（父）の順に厳粛整然と行われる。オヤコ盃が終わると、次に尾頭付きの魚がツレによって五つに切り分けられ、頭がオヤブン（父）に、その次の切り身をオヤブン（母）に、その次をコブン（元服者）に分ける。元服者の年齢は昭和二〇年までは数え一五歳であったが、それ以後は数え二〇歳と改められた。

このほかに、「オヤッサマ」（親っ様）と呼ばれる村内の第一人者と元服者とが盃を交わし、そのとき元服者はオヤッサマの前で稽古を積んできた唄や踊りを酒の肴として披露するといった風習（石川県羽咋郡志賀《しか》町和田に伝承）、元服者が一人前の男として若者組に加入するとき、その儀式用として酒二升と豆腐一箱を持参、若者組の連中と山に登りそこで兄弟盃を交わすといった習わし（福井県三方郡美浜町新庄）など、各地にはさまざまな元服の寄合いがみられたが、いずれの場合も多勢の人の前で盃を交わすという、披露と認知の酒であった。

なお、女性の場合は「髪上《かみあげ》」「裳着《もぎ》」「成女式《せいじょ》」「鉄漿《かねつ》付け祝い」「御歯黒《おはぐろ》祝い」など男性の元服にあたる習俗があったが、次第に消滅の傾向をたどり、すでに過去のものとなったものがほとんどである。

結婚の儀礼

成人の儀式を終えると、次の人生儀礼は大概の場合は結婚である。これは見合い、結納（婚約）、婚礼、披露と何段階かのステップを経て成立する儀式であるが、いずれの場合にも酒抜きなどはまず考えられず、酒が重要な役割を演じている。

たとえば婿《むこ》入り婚は、すでに当事者間で約束された夫婦関係を公的に承認する意味の儀礼が中心となり、婚姻成立の儀式として、まず夫が妻方におもむいて妻の親と盃をとり交わす「オミキイレ」（御神酒入れ）の儀がある。これが終わると婚姻は公的に承認されたものとなって、後日、祝言《しゅうげん》がとり行われる地方もある。この場合、妻が夫方を訪れて夫の親と盃をとり交わす「アシイレ」（足入れ）も行われた。

また、一般的に多い嫁入り婚の場合は、恋愛結婚以外はまず見合いから始まるが、大概は双方の本人や親が、配偶者として迎えても悪くない相手であると承知した段階で見合いとなる。そして話が決まると、なるべく早い吉日に「キメザケ」（決め酒）と称する婚約成立の儀式を行うが、これは夫方が妻方に酒を持参し、その酒を酌み交わすのである。このような婚姻成立の儀礼で最も重要な役割を担うのが、実質的な仲介者としての仲人《なこうど》である。複雑な婚姻諸儀礼をこなし、かつ二人の将来や両家のつながりを保つためには、ある程度社会的に知名度のある人も必要であり、このキメザケには仲人も当然同行した。

キメザケで交わされる手締めの酒についての呼び方は全国に非常に多く、「サケイレ」（酒入れ）、「サケタテ」（酒立て）、「タルタテ」（樽立て）、「キマリザケ」（決まり酒）、「カタメノサケ」（固めの酒）、「クチガタメノサケ」（口固めの酒）、「クチアワセノサケ」（口合わせの酒）、「サダメザケ」（定め酒）、「テウチザケ」（手打ち酒）、「テイレザケ」（手入れ酒）、「クチワリザケ」（口割り酒）、「ネキリザケ」（根切り酒）、「タモトザケ」（袂酒）、「フクベザケ」（瓢酒）、「スミザケ」（済み酒）、「クギザケ」（釘酒）といった例をみただけでも、婚約の儀式がいかに酒と深くかかわりあったものであるかがよくわかる。

さて、嫁入り当日の午前、一般には「アサムコイリ」（朝婿入り）といって、夫が妻方の家へ行き、妻の親と正式に対面し、「契酒《ちぎりざけ》」を交わす。このあと妻を伴って帰る地方もあるが、一足先に戻って家で妻を待ち迎える地方もある。愉快なものでは「ムコノクイニゲ」（婿の食い逃げ）などと称するものがあり、婿が妻の親の前から突然逃げ帰り、実家で嫁が来るのを待つといった地方もある。嫁が家を出るとき、嫁入り道具とともに角樽《つのだる》に入れた酒を必携したのは、夫方で行われる結婚の儀礼および披露宴での祝酒として振舞うためである。

さて、花嫁が育った家をいよいよ後にするときには、再び生家に戻らないようにとそれまで愛用していた茶碗や皿を割ったり、また出て行くときの足跡を箒《ほうき》で掃いたりする呪術的な儀礼もあり、また夫方の家に入るときには、台所口から入ったり、尻を皆から打たれたり、入口で「トボウノサカズキ」（戸ボウの盃）、「カドサカズキ」（門盃）、「ノキバノサカズキ」（軒端の盃）、「シキイノサカズキ」（敷居の盃）などと呼ばれる盃事がとり行われたりと、儀式にもいろいろあった。

埼玉県秩父郡大滝村（現・秩父市）で行われた「トボウノサカズキ」という盃事は、嫁が敷居をまたいだままの恰好で木盃につがれた酒を飲むのであるが、酒をつぐのは、「お相伴《しょうばん》の役目」といわれる仲人であった。また熊本県阿蘇地方に伝わる「ノキバノサカズキ」は、嫁入りの一行が婿方の玄関にさしかかると、茅《かや》でつくった松明《たいまつ》を燃やして婿方はこれを迎え、そこで盃につがれた酒を嫁が飲むという習わしになっていた。酒をつぐのは両親健在な男児と女児に限られた。盃には三ツ重ねのものが使われ、嫁が盃の酒を飲みほすことで嫁入りの固い意志を表明するのである。

夫方に嫁が入り、そこで行われる婚姻成立儀礼の中心は、新郎と新婦の「夫婦盃《めおとさかずき》」と、それに続く夫の親と妻との「親子盃《おやこのさかずき》」といった固めの盃である。夫婦盃は「アイサカズキ」（相盃）、「ムスビサカズキ」（結び盃）、「コンコンサカズキ」（こんこん盃）などとも呼ばれ、地方によって、また家の格式によって一様ではない。たとえば熊本県球磨《くま》郡五木村大平では三段重ねの盃が用いられ、最初に嫁が三回飲み、その盃を婿へと渡し、続いて親子固めの盃が交わされて披露宴へと移行する簡単なものである。一方、千葉県市原市の「固めの盃の儀」のようにかなり複雑な盃事もあった。

この儀式は「ザケン」（座ケン）と呼ばれる司会者によって進められる。まず仲人から婿方と嫁方の親戚が紹介された後、双方の仲人間で盃が交わされる。次いで婿方の仲人が嫁方の仲人に盃を渡し、それを婿の父に渡す。婿の父はその盃を婿に渡し、その盃で婿と嫁は夫婦契りのカタメノサカズキを交わす。このとき、婿方の仲人の介添えにより、幼い男児が雄蝶、女児が女蝶となって盃に酒を注ぐのである。これが終わると、その雄蝶と女蝶の酌によって参列者一同に盃が右回りにまわされ、続いて婿の両親と嫁の間で「オヤコナノリノハイ」（親子名乗りの盃）の盃が交わされる。最後に嫁方の仲人によって参列者一同に嫁の名前が披露され、やっとのことで披露の宴は幕を開けるのである。この後、大体は夜を徹して祝宴が張られたという。

祝宴が終わって客が帰る際も、さまざまな盃事が各地でとり行われた。千葉県君津市亀山のように「ワラジザケ」（草鞋酒）と称し、退出する嫁の同行者に対して、大きな丼で二杯以上の酒を飲ませた例や、石川県羽咋郡志賀町坪野のように、やはり嫁の同行者に茶碗で冷酒を飲ませてから樽入りの酒を持たせて送り出し、樽を持った同行者たちは途中で出会った者に路上で酒を振舞ったという例もあった。こういう風習を「オタチザケ」（お立ち酒）または「オッタテザケ」ともいい、帰る客に別れを惜しみつつも、酒を介することにより、嫁もらいの感謝の気持ちと来客への誠意を伝えようとしたものである。

厄払いの酒

おめでたい祝いの一方には厄年というものがある。男子二五歳（厄）と四二歳（大厄）、女子一九歳（厄）と三三歳（大厄）で厄を払う儀式も各地でさまざまな形で行われてきたが、ここでも酒が重要な役割を演じてきた。

数え年六一歳の「本卦《ほんけ》がえり」（還暦）、あるいは古稀、喜寿などの年祝いや、最近行われるようになった銀婚式、金婚式など結婚記念日の酒宴では、その酒の意味するところはまず慶賀として祝盃であり、これまで世話になった人への答礼盃であり、そして年祝いを迎えた本人のますますの健康を願っての祈願盃なのである。その祝い盃の軽快さに比べると、厄払いの盃は事が事だけに儀式じみてくるものが多い。

たとえば男が大厄の四二歳になると、その旧暦一月二三日の夜、本人および家族、親族が「サンヤサマ」（二十三夜様）と称する、寺からいただいてきた護符《ごふ》（御守り札）や鏡餅、祝酒を祭壇に供して厄払いの法要を行い、その後、参詣の村人や近隣者に酒と肴をふんだんに振舞って、深夜に顔を出す月を全員で拝んで合掌し、厄の払いをする（石川県羽咋郡志賀町大島《おしま》）。

面白いのは秋田県山本郡二ツ井町（現・能代市）仁鮒《にぶな》に伝わる「イワイノショウガツ」

（祝いの正月）の儀式で、男（四二歳）、女（三三歳）の大厄者は、二月一日にまず氏神様に参詣し祈禱を受け、身を清めた後、親類衆を招いて宴を催す。そのとき、女性の場合は三升三合三勺の糯米《もちごめ》で、男性は四升二合二勺の糯米でつくった鏡餅を客人の居並ぶ奥の間に飾っておき、その餅の前に厄年を迎えた者または夫婦を座らせ、子供が酌をして盃儀をするのである。次に厄年の人が、水を入れた手桶から柄杓《ひしゃく》でくんでその場に撒《ま》き、飾ってあった鏡餅をその柄杓の柄で叩き割って、小銭と共に客に向って撒き、客は競って拾い集め、持ち帰るというものである。この厄払いの儀式で、厄年の者に酒を飲ませるのは活力を与えるためであり、また酒で力をつけたところで餅や金銭を撒いて賑やかに騒ぐのは、厄除けが無事なされたことを確認するためである。

葬送の儀と酒

人生にはさまざまな喜怒哀楽があり、そして最後は逃れることのできない死を迎える。長かった人生の締めくくりであり、未だかつて誰もが見たことのない世界への旅立ちであり、そして畏敬極まる仏となるのであるから、葬送の儀は重々しく進められるのが普通である。地方によってさまざまな儀式があるが、それらについては柳田国男の『葬送習俗語彙』を代表として、多くの民俗関係書籍に紹介されているので、ここでは、酒が介在する儀式について述べてみることにしよう。

死者とともに、この世の最後の夜を過ごそうというのが「通夜《つや》」である。家族、親族、生前親しかった仲間や友人が遺体の入った棺の前で夜を明かす。たいがいの場合、燗をしない冷酒が一升ビンに入ったまま置いてあり、めいめいが茶碗やコップについで飲むのである。この場合の酒の意味は、仏となった人と最後の酒を酌み交す別れ酒であり、また現実に起こったこの悲しみを一時的にせよ紛らわすための力付けの酒なのであって、酒を飲みながら在りし日を偲ぶのである。

通夜に先だって行われる入棺《にゅうかん》の際には、皆が異常な心理になっているために、遺体を取り囲んだ人たちは、少しでも正常に振舞おうとして冷酒を飲む。この時の盃事も、各地にさまざまな形で残されている。

埼玉県秩父地方には、血縁者たちが冷酒を口に含んでから一人ずつそれを遺体に吹きかける「ニッカンザケ」（入棺酒）という風習がある。また長崎県壱岐地方には「シマイザケ」（納い酒）がある。これは、遺体を棺に納めるとき、近縁者がボロボロの服を着たり、衣類を裏返しに着て縄帯をしめて、手酌《てじゃく》で冷酒を口に含み、畳屛風を立て廻した中で死者の顔にその酒を吹きかけ、やさしく語りかけながら納棺するのである。

この二つの例における酒は、穢れの状態にある遺体に酒を吹きかけることによって浄めようとするものであり、また納棺に立会った者の浄めの意味も含まれているのである。納棺に立会った者だけが飲むこのような酒を「キヨメザケ」（浄め酒）といい、酌をする者は、彼らに近づかずに敷居を隔てて酒をつぐ風習（岩手県紫波《しわ》郡あたりの例）もある。また納棺を終えてから塩で身を浄め、水で手を洗った後、冷酒を一杯飲む「テアライザケ」（手洗い酒）なども、納棺に携わった者が穢れを払うための浄め酒である。

棺や遺骨を埋めるための穴掘り役の人たちには、「アナホリザケ」（穴掘り酒）が振舞われた。穴を掘る前に浄めの酒として冷酒を飲んだのである。

葬送に先立ち、出棺の直前に近親者たちが冷酒を飲む風習は各地にみられるが、このときの酒を「オトギ」（御斎）、「センベツ」（餞別）、「デタチノサケ」（出立ちの酒）、「デタチノサカズキ」（出立ちの盃）、「ワカレノオミキ」（別れの御神酒）、「ワカレザケ」（別れ酒）などと呼んでいるところが多い。あの世に旅立つ死者との最後の別れであり、区切りをつけるためには無情の覚悟が必要で、そのためには酒の力が大きいのである。

次に遺体は荼毘《だび》にふされる。今では公設火葬場の普及によってその習俗はほとんどなくなったが、昔は遺体を焼く二、三人の者に酒と簡単な肴を添える「シアンマイリ」（思案参り）、「ヘヤミマイ」（部屋見舞い）という慣わしがあったのは、焼かれる遺体を浄める意味と、酒によって勇気を振るい立たせるためであった。

死後には年忌供養が行われる。三十五日、四十九日、初盆、満一年目の一周忌、満二年後の三回忌、満六年目の七回忌、以後は十三回忌、十七回忌、二十三回忌、二十七回忌、三十三回忌、五十回忌とあり、いずれも檀家寺の僧侶を招き、親戚縁者に酒を伴った斎《とき》の膳を供するのは、精進落しをするとともに、故人を偲び同時に供養するためである。

土葬が比較的近年まで続いた沖縄県内や離島の与那国島などには、洗骨の儀式を執り行ったところがある。沖縄の墓は非常に大きく、中に人が入って儀式が行えるほどである。遺体をその中に入れるとき、泡盛がたっぷりと入った大きな壺も一緒に添えておく。遺体は一〇年ほどの間に風化して骨になるから、洗骨式の日にはまず浄めの水で遺骨を洗った後、墓に入れておいた泡盛でその遺骨を浄めて骨壺に納める。残った泡盛は参会者にお浄めの酒として振舞われるのである。

沖縄の墓．とにかく大きい．入口に扉があり，中で儀式をしたり，酒を熟させたりできる墓も珍しくはない

このような例は奄美大島でも見られ、死後七年後の洗骨式に際して、それをとり仕切る男が焼酎を口に含んで幾度も骨に吹きかけてから、用意してきた浄めの水でタワシをかけ、きれいになった遺骨を骨壺または石棺に入れ、その上から焼酎を吹きかけて礼拝し、最後に蓋をして安置したという。

人が生まれてその人生が始まった時から、死して人生を終える時まで、酒と人生の儀礼は緊密にかかわりあって歩んできた。その背景には、酒が人に力をつけ、人を祝し、人を慰め、人を浄め、人を守護するといった、目には見ることのできない偉大な力を備えた霊妙な液体としての位置づけがあったのであり、日本人はこれを実に巧みに使いわけてきたのである。もし日本酒という民族の酒がなかったならば、人々の心はもっと殺伐となっていただろうし、世の中は白《しら》けたものになっていたに違いない。

第五章　酒商売ことはじめ

江戸時代の居酒屋風景．当時は店先で酒を飲ませながら，目の前で魚を卸して刺身のような肴を出していた．絵ではこの日の肴は鰹であった（江戸末期．作者不詳．東京農業大学醸造博物館蔵）

市の成立

万葉の時代、日本のあちこちにはすでに「市《いち》」が立っていた。市の文献の初見は、倭国(日本)の様子を記した『三国志』の『魏志倭人伝』で「国々ニ市アリテ有無ヲ交易ス」とある。これだけでは市の形が漠然としているが、『日本書紀』の巻一五弘計王《おけのみこ》(顕宗《けんぞう》天皇)の室寿歌《むろほぎのうた》の中に、「旨酒　餌香《えか》の市に　直《あたい》以て買はぬ」(餌香の市に出された酒は、あまりの美酒のために値段がつけられないほどだった)と、市の酒の品質にまでふれた記述が出てくる。餌香とは今の大阪府藤井寺市であるが、この地は河内、大和、伊勢を結ぶ重要地点の一つで、五世紀の後半には、すでに市に旨酒が出まわっていたことを示し、酒文化史に詳しい加藤百一博士もこれがわが国における酒類取引の初見であろうとしている。

『日本書紀』のほか『古事記』や『出雲国風土記』『常陸国風土記』などにも河内の餌香市の他に大和の海柘榴市《つばきいち》、天の高市《あまたかいち》、阿斗桑市《あとのくわいち》、出雲の朝酌促戸渡《あさくみせとのわたり》、常陸《ひたち》の高浜市《たかはまいち》、駿河の阿《あ》倍市《べのいち》、美濃の小川市などの名も見えることから、おそらくこのような市でも酒が取引されていたのであろう。

そのころの市は、大体が物と物との交換の形式をとっており、関根真隆《しんりゅう》博士の『奈良朝食生活の研究』(昭和四四年、吉川弘文館)によると、天平勝宝五年(七五三年)から宝亀二年(七七一年)の酒類の価格は、最も上等な「浄酒《すみさけ》」一升が米二升四合分に相当したという。天平宝字六年（七六二年）には、米一升が七文であったことから、浄酒一升は一七―一八文、それより一ランク下の「粉酒《こざけ》」一升は米の一升四合に相当して一〇文、さらに下等の酒は米一升と同じ値段であったとしている。

市に出まわっていたほどであるから酒は立派な取引商品の材料でもあったが、同じころすでに取引商品としてばかりでなく、国府や役所などで、給料の一部として酒が支払われていた。天平一〇年（七三八年）の『和泉監正税帳』には、和泉国府は池修理の人夫に酒を一人三合支給したとあり、また天平宝字六年の『造石山寺所符案』には、雇工人の給料として芋酒一升に水四合を加えたものを、一人三合ずつ隔日支給したとある。

水を加えて水増しした酒のことは、このあたりが初見であろう。一升の酒に四合も水を加えたのではアルコール分も味も相当薄まってしまうように思えるが、当時の酒は非常に糖分が多く酸味も高い、いわゆるボディーのある酒であったので、そう水っぽくは感じなかったのだろう。

竹の容器．飛鳥や奈良時代，市などから酒を運ぶときには，このような竹の容器が大いに利用されていた

水で酒を割るといえば、『日本霊異記』（下巻）に宝亀年間（七七〇―七八一年）、讃岐国美貴郡の郡司の妻である田中真人広虫女《たなかのまひとひろむしめ》は、金持ちであっ

たのに欲張りで、その報いで死後は牛にされたという伝説が語られているが、その話の中で広虫女の悪業の一つとして「酒を沽《う》るに多《あまた》の水を加へ、多くの直《あたい》を取る罪」を挙げている。当時、地方の役人やその家族は、農民から米や農作物を税として取り立てていたが、さらにその米で酒を造って農民に売りつけていたという、実に勝手きままな金儲けの構図を教えてくれているのであるが、水を加えて薄くした酒を騙し売ったという悪のりの実態まで語ってくれているのである。いつの世にもこのような者が絶えることがないのも、酒はそれほどに魅力的な嗜好物だからであろう。

造り酒屋のはじまり

『万葉集』（巻一六、三八七九）の「能登国歌《のとのくにぶり》」の中の一首に、

「梯立《はしだて》の熊来《くまき》酒屋に　真罵《まぬ》らる奴《やっこ》わし　誘ひ立て　率《い》て来なましを　真罵らる奴わし」

というのがある。酒屋の手伝いをしていた私奴のような者が、「熊来酒屋でいつも（時間に）間に合わないためどなられている奴《あいつ》を、いっそのこと連れてきてやればよかった、可哀想な奴よ」と同僚に同情した歌である。ここに「熊来」という酒屋が登場するのであるが、「酒屋」という文字、名前が登場するのは文献上これが最初であるといわれている。

天平二〇年（七四八年）春、大伴家持が能登諸郡を巡察した際の歌にも熊来村のことが歌われており、その熊来とは古くは奥能登の要津で、今日の石川県鹿島郡中島町（現・七尾

市）熊木に比定されている。古くから農民と船人の交易の場であった熊来津のこの酒屋が、一体どんなものであったかはよくわからないが（おそらく濁酒屋であったろう）、とにかく造り酒屋があった。

その後、酒屋は人の集まる地域を中心に全国に発生、酒は主として市で取引されていくが、その形態は平安時代晩期まで続く。貴族体制が崩れ、代って武士団が政権を担当するという大きな社会変化が現われると、酒の売買形態は大きく変わり、この章でいう今日的形態を伴った「酒屋」が始まるのである。市場や自家製の酒は次第に廃れた反面、酒屋は商工業の中に組み入れられて発達し、利潤追求を目的とした産業へと変わっていった。

物と物との交換経済から脱却して、郷村にまで貨幣経済社会が浸透していったのは一二世紀の中期であるが、酒屋が商人として安定したのはそれより少し後の一二世紀末期である。嘉禎元年（一二三五年）の『明月記』に「土《ど》倉《ぐら》員数《いんずう》ヲ知ラズ、商買充満ス」とあるのをみても、酒屋は全国的展開をみせていたようだ。「洛中洛外の酒屋」として脚光を浴びた京都の酒屋は、足利義満が室町殿で権力を揮っていた永和四年（一三七八年）ごろである。応永二二年（一四一五年）の調査によると、「洛中洛外の酒屋」は実に三四二軒を数えているが、この中の多くは「土《ど》倉《ぐら》酒屋」とも呼ばれた、金融業を兼ねた酒屋である。

銘柄（商標）の誕生

「洛中洛外の酒」の中で、特に名声が高かったのが「柳酒《やなぎざけ》」であった。その醸造元は五条坊門西洞院《にしのとういん》にあり、門前に柳の木があったところから「柳の酒屋」と呼ばれていた。当時の京で最も繁盛しており、明徳四年（一三九三年）には、洛中洛外の酒屋の年間課役の一割以上の納銭（七二〇貫文）を納入している。また法華宗妙本寺再興に際しては一〇〇〇貫文の奉加を行ったとの記録もあるので、相当に規模の大きな酒屋であったようだ。

これに次ぐのが五条烏丸《からすま》の「梅の酒屋」であり、文明一一年（一四七九年）には当時の将軍足利義尚《よしひさ》がこの酒屋に臨んでいる。

とにかくこの中世というのは、すでに述べたように寺院の酒造りとは別個のかたちで、利益を目的とした街の酒屋が次々と誕生した時代であったから、必然的にそこには経済戦争が発生してくる。たとえば「柳の酒」対「梅の酒」という名前の拡張の競争であり、品質の競いあいであり、価格の争いであった。

「柳の酒屋」は店の入口に大きな「六星紋」印の暖簾《のれん》を下げ、樽にもその印を書いて大きく「柳酒」と銘柄を入れたが、酒の銘柄（商標）が商品というはっきりとした目的で付けられたのはこのころが最初と考えてよいようだ。こうして酒屋は以後、製品に銘柄を付けるようになり、また消費者はこの銘柄を目安に、自分の好みの酒を選ぶという今日の形が出来上がった。

すると酒屋は、銘柄の名にかけて良い酒造りに精進し、酒質は著しく向上することになった。すなわち銘柄の登場は、酒造技術の発展にも大きな役割を果たし、その良酒醸造法は『酒造秘伝法』や『酒造肝要記』、『伊丹摂津満願寺屋伝』『名酒造りの秘法』といった酒造りに関する古文書を実に多く生むことにもなったが、これらの古文書は酒に銘柄が付きだした直後から激増している。

京の酒屋．酒林のある酒屋に，娘が京諸白を買いに来たところ．図の右上に「姉御が台所におれば酒能うつめて下さるが」と見える．娘が左手に提げている箱の中に，空の徳利が入っているのだろう（宝永八年〔1711年〕『色ひいな形』）

　こうして次々に酒の銘柄が生まれ、商標として以後の人たちに親しまれてきた。今日、日本にある約一四〇〇の酒造会社は、一社平均五件の商標銘柄を持っているといわれているから、何と日本酒には約七〇〇〇の銘柄があることになる。

　ところで、酒屋が酒の銘柄を決める場合は、この「柳酒」や「梅の酒」というようにその酒造家に因んだものもあるが、最も多いのは、今も昔も縁起のよい銘をつけるというものである。たとえば、長寿の象徴の「鶴」の字をつけた酒銘は現在約二五〇もあって第一位、第二位

菰樽に印された酒の商標（『日本山海名産図会』）

が「正宗《まさむね》」（この「正宗」という字が酒の銘柄に多いのは、経文の「臨済正宗《せいしゅう》」の「正宗」が「清酒《せいしゅ》」に通じるからだというのは俗説で、刀でよくいう「名刀正宗《めいとうまさむね》」に由来していると思われる。というのは、「切れ味」のすばらしい酒こそ名酒の条件だと昔からいわれているからである）、第三位が「泉」で、以下「桜」「川」「菊」「井」「山」「月」「花」「雲」「梅」「水」の順になっている。これらのキーワードを一つ決めると、その上下につける字は、字面や語感、そしてイメージからキーワードとピッタリと合うものを探しだし、酒銘を決定するのである。

酒屋の看板

酒屋に屋号とか銘柄が生まれはじめると、それを人に知らせるための目印となるものがほしくなる。たとえば看板とか旗といったものだが、それらがいつごろ登場したかというと、おそらく市の立った奈良時代や平安時代であろう。酒屋に限らず物を商う肆《いちのひら》（市で物品を陳列するところ）の前には、何らかの目印ぐらいは立てていたと考えてよいからである。

「廛《てん》」という字には、物を扱う「店」の意があるが、当時の市には「廛市《てんし》」といって「南海道廛」とか「西市廛」といった屋号のようなものをつけて店を出していたところが多かったという。これを木に彫り込んだり、布に染めつけたりしたのが看板であり暖簾《のれん》であった。おそらく、京の街や市の立つところにはそのようなものが掲げられていたのであろうが、酒屋の看板がいよいよ看板らしくなったのは、大坂が商業都市として栄えはじめ、江戸には人口が集中しはじめた江戸初期である。

当時は多くが板への墨書であったが、中期以降になるとその板を彫りあげて、文字の上に墨が入れられ漆が塗られる、本格的なものとなった。看板の形にも趣向が盛られて、商品の品名や形状を模した吊看板も登場する。造り酒屋では、厚手の大型板に「上諸白」などと刻字した看板を、酒を小売りする店では枡《ます》形の吊看板を下げたりした。

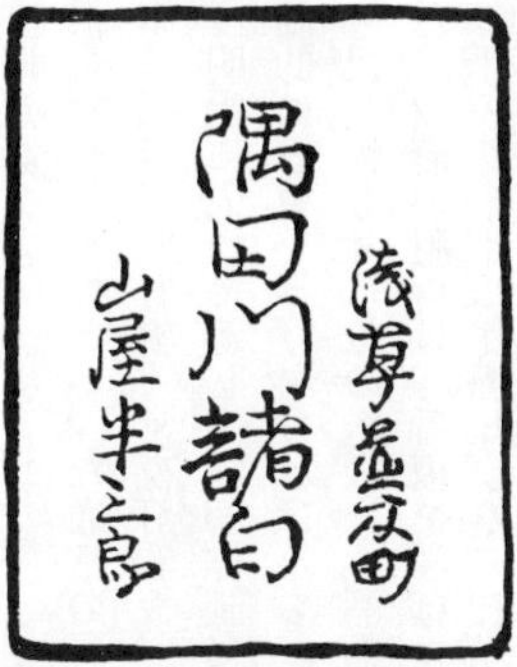

江戸時代末期の酒屋の看板．このころすでに，造られたところとは別に消費地の名を入れているのが注目される

文化文政に入って、二階建て建築が普及しだすと、看板は屋根に掲げるほどに大型化し、また前掛けや法被《はっぴ》、提灯《ちょうちん》、酒旗《さけはた》などにも屋号や銘柄が入れられた。『和漢三才図会』によると、酒旗とは酒屋に挙げる旗のことをいい、中国の風習である「酒望子《さかぼうし》」や「帘《はやし》」

と同意語（「望子」とは「幟《しるし》」の意味）である。こうして江戸の後半までには、いわゆる屋根看板や吊看板といった通常の看板と、特殊看板として袖《そで》看板、菰樽《こもだる》看板、幕看板、暖簾、旗、提灯、壁看板、常夜灯看板、建植《たてうえ》看板などがほぼ出揃うのである。

明治に入って新しい国家体制に変わると、酒商売の種類によっては、国の命令に従って強制的に看板を掲げなければならないところもでてきた。たとえば卸売業者や小売業者は、縦三尺、幅七寸八分の木板に「酒類御売所」とか「酒類小売所」と書いた看板を掲げさせられた。政府の狙いは、看板を挙げさせることにより、当時かなり横行していた酒の闇取引や裏取引を表舞台に引き出して、そのような不法行為を一掃しようとしたものである。

また明治四年、永年にわたる酒造株制度が廃止されて、以後も酒造業を希望する者は当時の金額としては多額である一〇〇〇円の前納金を支払うことによって免許が与えられたが、免許を得た造り酒屋は寒冷紗《かんれいしゃ》（粗く硬く薄い麻布または綿布）に屋号や銘柄を染めて木枠で固定した布看板や、当時としては貴重なブリキ製看板を掲げてその存在を誇示したりした。こうして看板は時代とともに発展していくことになり、それまでの目印とか存在のアピールという目的だけでなく、商品の宣伝、さらにはそれを通して消費者の利益に連動する情報なども備えたものへと移っていったのである。

造り酒屋の目印といえば何といっても有名なのが「杉玉《すぎだま》」である。『和漢三才図会』の「家飾具」のところには、酒屋の看板として、「近世、倭《やまと》に用ひるところの望子《ぼうし》は、多くは杉の葉を束ねて元をつくる。形は鼓《つづみ》の如し。凡そ酒の性たる杉を喜ぶ。杉材を用ひて酒桶を作り、杉のコケラ（削り屑）を酒中に投ずる類、亦然るなり。自ら醸《つく》らずして酒を沽《う》る家には看板を出して識《しるし》となす」とあるように、江戸前期の寛永年間頃から杉玉が酒屋の目印として用いられていた。杉の葉を束ねて直径四〇センチメートルほどの球形にまとめたのが杉玉で、「酒林《さかばやし》」とも呼ばれている。今でも、地方の酒造業の門がまえや家屋の軒下に見かけることがあり、球状が一般的だが、中には鼓形や瓢箪《ひょうたん》形、人の顔形も造られていた。

杉玉は造り酒屋専用ともいえるが、時には卸問屋でも用いていたようである。造り酒屋の

酒林．昔から酒屋の目印として親しまれてきた（滋賀県高島市今津町，池本酒造の店頭）

間では、いつの間にか新酒の搾りに合わせて軒下に飾るようになったため、その習慣が定着して、新酒が出来たことを愛飲家に知らせる目印にもなっていたが、今は特にそういう意味はなく、一年中いつでも杉玉を飾るところが多くなった。

なぜ杉なのかという理由はよくわかっていないが、酒に縁《ゆかり》の深い奈良県三輪神社の御神木が杉で、同神社に古くから伝わるお神楽《かぐら》の一つ「杉の舞」では御酒を献げ、杉の枝を手にした御巫子《みかんのこ》が舞い、そのとき、杜氏《とうじ》の祖神といわれる活日命《いくひのみこと》が酒の献上歌を歌うことから、杉を酒神の聖なる御神体の一部と崇め、その御霊《みたま》として杉玉を高い処に飾ったのであろうと、私なりに解釈している。

酒問屋と小売屋の成立

造り酒屋が発展してきて、銘柄で競い合うようになると、流通過程で次に必要となるのが今でいう「卸売業」、すなわち「酒問屋」である。京では応仁の乱による混乱が落ちつきはじめると、商品流通も再び活発化し、市中で取引される酒を取扱う店として「請《う》け酒屋」が発生した。おそらく今日の酒問屋の最初と思われるが、請け酒屋は次第にその組織を大きくして、やがて問屋の性質をより強くもつ「問丸《といまる》」へと発展した。

問丸が問屋組織として完成したのは、徳川家康が江戸に入城して、本格的な街づくりが行われだしてからで、江戸への流入者が波のうねりのように押し寄せ、酒も飛ぶように売れたため、本格的な問丸が必要になったのである。そこに加えて、寛永一二年（一六三五年）から参勤交代の制度がしかれると、江戸は全国最大の消費地としての体制が出来上がり、国中の物資が流れ込むようになった。当時江戸で消費された酒は四斗樽にして五〇万―八〇万樽で、その約七―九割が本場である池田、伊丹、灘目、西宮といったところから「下り酒」（一〇一頁参照）としてやってきた。その輸送には海路が使われ、主役となったのが「樽廻《たるかい》船《せん》」であった。酒がどんどん送られてくると、その酒を一時的に貯えなければならない。そのためには倉庫や荷車などが必要となるから、そのあたりを整理し、酒の流通を自在にしたのがこの問丸であり、後の「卸し問屋」であった。

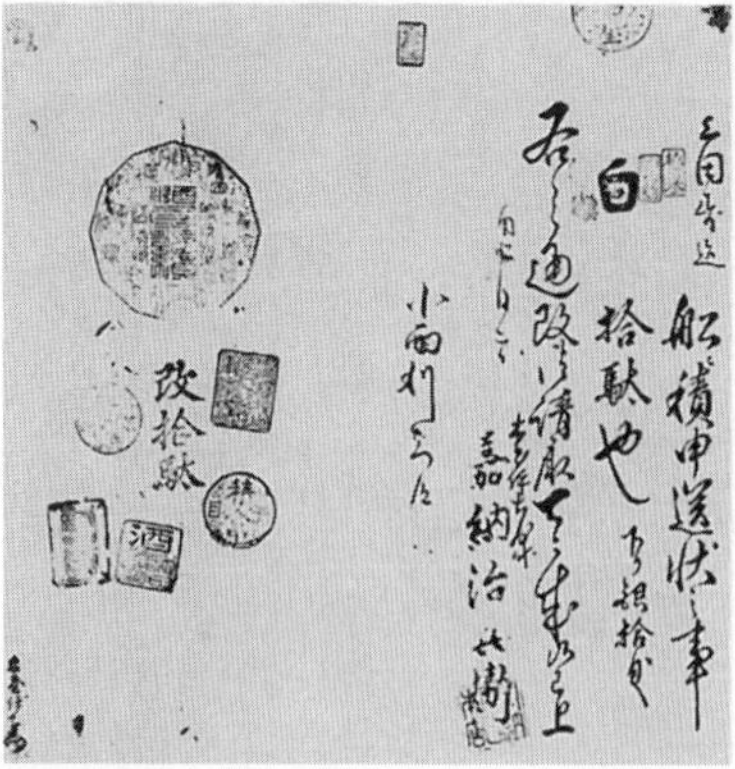

灘酒船積送り状．江戸に行く「下り酒」が樽廻船に積まれると，このような送り状が酒屋から江戸の問屋に添えられた

江戸の酒問屋仲間は、樽廻船に対応するため、今の中央区新川や茅場町、馬喰町あたりに集中したが、その後も引き続き業を営み、現在に至っているところも少なくない。大坂では古くから、酒屋自身が問屋もかねていたので、専業の問屋は成立しなかったことを考え合わせると、今日の酒問屋

江戸新川の酒問屋街．新川の酒問屋街に新酒番船が到着した状況である．七ッ梅の伊丹酒や魚崎酒（灘郷）などが陸揚げされている（『江戸名所図絵』）

とか酒卸し制度は、「下り酒」の大量移動によって生じた流通業であると考えてよいだろう。

問丸は大量の酒を扱っていたから、これを圧倒的多数の消費者の末端に届けることは物理的に不可能であった。そこで、問丸と消費者の仲立ちとなったのが「仲買《すあい》」という小売屋であった。多くは問丸を経営する者の血縁者や、問丸を勤め上げて優秀であった者、米や食料品問屋の子息などがなった。

小売屋といっても、今日のように店に酒をたくさん並べて売るものではなく、「酒売候」とか「諸白」といった看板を入口に掲げ、酒の入った壺を土間に置いているという程度のものであった。酒屋の屋号などが書いてある、いわゆる貧乏徳利と呼ばれた大徳利や、貧乏樽を下げて客が酒を買いにくると、酒を枡で計って売っていた。

こうして酒の流通機構は成立し、酒造業者から卸売業者、さらに小売業者を経て消費者へという経路が、以後今日まで続いてきたのである。現在は酒造業者が全国に約二二〇〇社、卸売業者が約一万五〇〇〇社、小売業者が約一七万六五〇〇軒あって、いずれも財務省の免許によって開業している。業者ごとに免許制が敷かれているのは、税金（酒税）を徴収するのに好都合であることと、現在既得権を得て営んでいる業者を（乱立による共倒れの危険から）保護するためである。

なお、酒造会社↓卸売業者↓小売業者↓消費者という流通機構では、酒の円滑な普及や市場拡大の上で不利な点が多いとのことから、今日では酒造業者から直接小売業者に納められたり、造り酒屋から直接消費者に届けるといった変則的な方法も少しずつとり入れられるようになった。

酒醸しの職・杜氏の成立

酒を専門に造る職業ができたのは大変に古い。奈良、平安朝ではすでに紙、漆器、金属加工、酒などを造るための「司《つかさ》」があり、それぞれの仕事に就く専門職人たちを「品部《ともべ》」と呼んでいた。彼らは「雑戸《ざっこ》」または「雑工戸《ざっこうこ》」と呼ばれる民戸の集団を組織して政府に出仕する形をとっていた。たとえば『延喜式』の造酒司《さけのつかさ》（六一頁参照）では、酒造りの作業に、大和、河内、摂津の雑戸一八五戸が当たっている。これらの品部を直接取り仕切ったのが、造酒司の役人である「造酒佑《さけのじょう》」であった。

造酒品部は酒を造る技術を持った特殊技能者であったから、その職は世襲とし、農民や町民とは明確に区別されて税も免除されていた。しかし、このような政府主導の酒造り職人を今の杜氏《とうじ》の原形とするのは、その発生や位置づけ、そして労使関係などの点からみて無理なことである。

平安時代が終わり、「貴族の酒」の時代に終止符が打たれると、中世には「僧坊の酒」「酒屋の酒」が台頭する。「僧坊の酒」における寺院酒を造っていたのは、酒造りを専門に手掛けていた僧侶たちである。彼らは知識階級でもあったので、さまざまな技術を編み出し、今日の日本酒の原形を築いた貢献者といえる。酒造僧は、本職はもちろん僧侶であったから、酒造りのために独立し、それで生計をたてている専門職ではない。一方、「酒屋の酒」を街で造っていたのは規模がまだ小さいこともあって、大概はその酒屋の主人や女房たちであった。

杜氏の仕事

元禄期以前、二回目の株改めですでに五〇〇石、一〇〇〇石という生産規模を持った頃から、酒屋には酒造り専門の職人が雇われていた。とりわけ大型仕込み容器の桶が発達し、諸白造りによる寒仕込みが主流になると、冬場に山漁村民の労働力が集まって、造り酒屋をますます隆盛に向かわせた。幕府も、冬の労働力を向けることによって、酒の生産量を高め、つまりは巨額の税収入が見込めたので大いに奨励したのは、先にも述べた。

諸白造りに携わった労務者は大きく二つに区分されていた。「蔵人《くらびと》」と「碓屋《うすや》」である。前者は直接醸造に従事する労務者たちをいい、後者は玄米を足踏み式の碓《うす》で精米する労務者たちのことである。

蔵人には、酒造家主人から酒造りに関する一切を委嘱された最高責任者の「杜氏《とうじ》」と、その補佐役である「頭《かしら》」、麴製造主任の「麴屋《こうじや》」、酒母（酛《もと》）製造主任の「酛廻《もとまわし》」（「酛屋」）、釜場および蒸米作業の一切を仕切る「釜屋《かまや》」などがおり、その下に「上人《じょうびと》」「中人《ちゅうびと》」「下人《したびと》」が

伊丹の酒造り．酒造りのうちの原料処理工程である．図の左上に碓屋たちが足踏みによって米を搗いている．全部で９棹あって，１臼に玄米１斗３升５合入れ，１人で１日に４～５臼搗いたから９棹全部では１日５～６石の米を搗きあげた．精米歩合は約90％．したがってこの蔵では年間約700石の酒を造っていた(『摂津名所図会』寛政８年)

いて各種の作業に従事した。またこのほかに「飯焚《めしたき》」といって、蔵人全員の食事一切をきりもりする新参年少者もいた。

杜氏、頭、麹屋を特に「三役《さんやく》」と称し、蔵人の中核を成していた。この組織は、江戸時代の農村における名主（庄屋）、組頭、百姓代の三役、それに本百姓と水呑《みずのみ》（名子《なご》）、下人《げにん》などの郷村制をそのまま移行した点できわめて興味深い。蔵人のこの階級制及び各階級の呼び名が、江戸初期に蔵人制度ができて以来今日まで、ほとんど変わることなく続けられてきたのは、酒造家と蔵人とが、主従的、温情的関係を維持しながらも、封建的束縛も強いられ、それに対する蔵人（農民）の忍耐性と服従性に負うところが多かったためであろう。

碓屋の組織は「碓頭《うすがしら》」「米踏《こめふみ》」「上人・中人・下人」「飯屋《めしや》」に分かれ、昼夜交替で精米作業に従事していた。待遇は蔵人に準じ、賃金は日給ではなく、請負または搗高《つきだか》払いによって支給されることが多かった。碓屋は、毎日毎日足踏み式の碓で米を搗くという単純ではあるがきわめて重労働であったので、蔵人とほぼ同数を必要とした。諸白造りに使役された労務者数は『童蒙酒造記』に「酒千石ニ働キ人十人、但麹師右之外也、但百石一人ニテ手廻シ難成、少シモ多キ程手廻シ能候」とあるように、千石酒屋においては蔵人一三―一八人、碓屋まで加えると三〇―四〇人程度であったとみられる。碓屋はその後、精搗への水車の導入によって一気に消滅、近代になって精米機が導入されてからは、蔵人の組織の中に「精米屋」が新たに加わって今日に至っている。

主な杜氏の出身地と酒造り職人の数

杜氏の名称	出身地域	杜氏と酒造り職人 合計（人）
山内《さんない》	秋田県山内村（現・横手市）	450
南部《なんぶ》	岩手県全域	3150
越後《えちご》	新潟県全域	3100
能登《のと》	石川県能登半島	630
諏訪《すわ》	長野県諏訪地方	500
丹後《たんご》	京都府丹後町（現・京丹後市）周辺	170
越前《えちぜん》	福井県全域	250
備中《びっちゅう》	岡山県西部地域	1000
城崎《きのさき》	兵庫県城崎郡（現・豊岡市）地方	300
丹波《たんば》	兵庫県多紀郡（現・篠山市）周辺	3100
但馬《たじま》	兵庫県美方郡周辺	3200
石見《いわみ》	島根県浜田市周辺	330
秋鹿《あいか》（出雲《いずも》）	島根県松江市周辺	400
三津《みづ》	広島県安芸津町（現・東広島市）三津	700
熊毛《くまげ》	山口県熊毛郡（現・周南市）周辺	250
越智《おち》	愛媛県越智郡（現・今治市）周辺	260
伊方《いかた》	愛媛県伊方町	230
芥屋《けや》（糸島《いとしま》）	福岡県志摩村（現・糸島市）芥屋	160
柳川《やながわ》	福岡県柳川市周辺	210

その後、農村の労働力そのものが不足したり、出稼ぎに頼らずに地元企業に職を求めたりすることが多くなって、杜氏制度も少しずつ形が変わりつつある。それに伴って、酒造業界

は杜氏以下の労働力の不足に悩まされ、杜氏組織に頼らず地元の労働力で補うといったことまで行われている。しかし、酒を造る専門職として長い伝統をもつ杜氏制度が将来崩れるようなことがあっては、それこそ一大事である。今から若手酒造技術者の育成や、酒造法の省力化などを積極的に行う必要があろう。

なお、今日の杜氏は日本酒造杜氏組合連合会を組織し、雇用問題や賃金の協定、技能向上のための交流など、さまざまな施策を実施している。主な杜氏の出身地およびその数を表に示した（杜氏および酒造従業員の数は現在ではこれらの数よりやや減っている）。

居酒屋の成立

酒を飲ませる商売が、いつ、どこで成立したかについての確かなところは不明である。奈良時代、すでに人通りに市が立って、そこで酒が取引されていたのであるから、あるいは簡単な酒飲み所があったのかもしれない。しかし、奈良や平安時代は、祭りとか儀式とかといった例外を除けば、外で酒や肴を楽しむことはまずなかったと考えたほうがよい。その上、酒や肴はかなり高価なものであったから、簡単に手に入るものではなく、酒肴の宴は特権階級のものとしての色彩が濃いものであった。

鎌倉時代に入り、技術の発達もあって酒が安定して造られはじめると、嗜好物としての酒が一般にも普及しだした。建長四年（一二五二年）の沽酒禁制《こしゅきんせい》令では、鎌倉一帯の民家の油壺に入っていた三万七二七四個の酒を破棄した記録があり、いかに酒が飲まれていたかをうかがい知ることができる。

室町時代、酒はさらに一般化してくる。酒宴専用の酒器が定着し、樽に酒が詰められて運ばれ、親類縁者や傍輩による寄合酒も通常のこととなり、酒に「柳酒」とか「梅の酒」といった銘柄までつく。

江戸時代に入るといよいよ街に居酒屋が出てくる。造り酒屋で直接飲ませたり、その酒屋からまとめて酒を買った問丸が、小分けして仲買《すあい》に酒を卸す。仲買はこれを一般民衆や居酒屋に売り、居酒屋はこの酒を客に供した。

居酒屋の最初は天正年間（一五七三―九二年）、造り酒屋の店先に「居酒致し候」という看板をかかげて、隅のほうで立飲みさせるところがあって、そのような酒屋のことを「居酒屋」と呼んでいたのに始まる。その後、江戸や大坂では濠の造改築や水路の整備、たび重なる大火などで土建業者が集中し、多くの職人や人夫が地方から続々と集まってからは、必然的に酒を専門に飲ませる屋台や店ができた。これらの店に立ち寄るのは、酒宴の席に座るあてのない者、たとえば若い奉公人、人足、浪人などがほとんどで、その辺りの様子は当時の『職人尽絵詞』（鍬形蕙斎筆）などに残されている。

この種の居酒屋はその後も数を増し、寛永七年（一六三〇年）に江戸市中に十数軒あった居酒屋が、二〇〇年後の天保元年（一八三〇年）には二〇〇軒を超す数となった。その後、天保の改革（一八四一年）の取締りで、一度はその大半が菓子屋などに看板替えしたこともあったが、幕末にかけては江戸、大坂のほか全国の主要地で再び激増していった。

このころから、酒に各種の肴を添える店が多くなる。そのような店にはたいてい「酒めし」とか「酒飯屋《さかめしや》」という看板が下がっていて、今にいう縄暖簾や赤提灯も、この当時から軒先に掛けるのが習慣となっていた。幕末に近いころの居酒屋では、枡酒一杯が上等酒で一二文、中等酒一〇文、並等酒六文であった。最低六文あれば枡酒一杯は飲めたということから、今でもところどころに「六文銭」などという名前の居酒屋を目にすることがある。

居酒屋と同じころ、「遊郭」も発生している。遊郭は豊臣秀吉によってすでに天正一三年（一五八五年）に始められ、徳川幕府がこの制度を継承整備していったので、江戸時代には全盛を迎えた。

遊郭では粋な遊女を相手に、男たちは昼からさえも豪華な料理を食べ、酒を飲んで興じていた。元禄期に入ると遊郭の周辺には「茶屋」や「飯盛旅籠《めしもりはたご》」なども出てきて、ここでも酒と肴を介しての男女の係わり合いが行われていた。また、酒と料理を主体とした「料亭」もこのころから大盛況であり、さらに酒と料理を前にしながら芝居見物や歌舞伎鑑賞、相撲観戦といった優雅な酒も流行した。こうして江戸三〇〇年の酒商売は、いずれの業界とも大体が栄えた状態だった。

明治時代に入ると、新しい政府は酒造規則五ヵ条や酒の流通、料飲に関する令を定めて法の下に統制し、酒に関する業種は近代化されながら引き継がれていった。

日本の男性には昔から、家族（家庭）中心主義的行動はあまり見られず、むしろそう見られることを恥としたり、それがないことを美徳とする考えすらあった。仕事第一とか、仲間や上司との付き合いを大切にする風潮が続き、封建的で男尊の時代が長かったから、当然のこととして男は家庭外での飲酒の機会が多くなった。男女同権となり、民主国家となった以降もなお男が外で酒を飲む習慣が続いていたのは、そういう時代の名残であり、江戸が開府されて居酒屋ができてから、実に四六〇年もの間続いた日本的飲酒形態といえるのである。

第六章　酒を競う

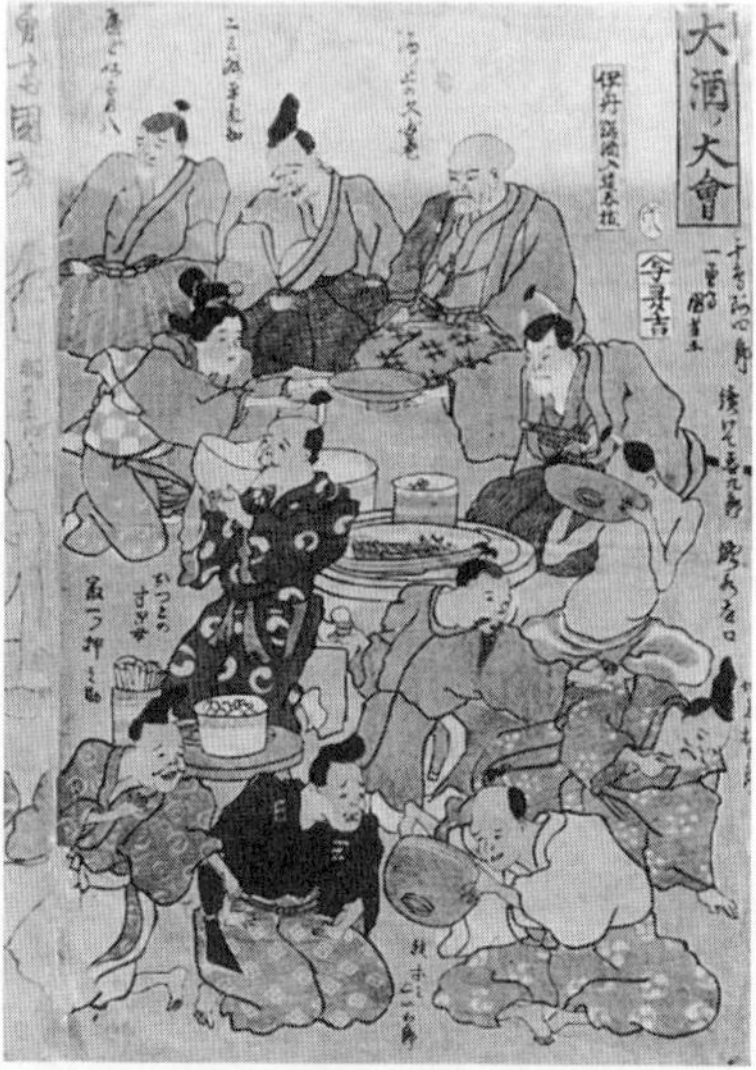

大酒の大会．江戸時代の大酒飲みの大会である．「酒の上のくだまき」とか「二，三升平気の助」あるいは「続けて呑九郎」といった名が面白い（東京農業大学醸造博物館蔵）

樽廻船と番船競争

江戸時代、本場の酒いわゆる「下り酒」の運搬に船が使われていたことは第三章に述べたが、その船団は江戸に向けて熾烈なスピードレースを展開する。優勝船には賞金が出され、特別の待遇が与えられていた。この競争を「番船《ばんせん》競争」と呼ぶ。中国からイギリスへ茶を運ぶ帆船が展開した有名なティー・クリッパー・レースに先んじて行われた、まことにロマンに満ちた海の男たちの闘いでもあった。

江戸時代に入ってしばらくすると、江戸は酒の一大消費地となり、池田、伊丹、西宮郷、灘郷、今津郷といった本場ものの酒が大量に送られていた。初めは酒を樽に入れ、牛や馬を使って輸送していた。多くは四斗樽二丁（または二斗樽四丁）を馬の背に振分けに積んで、トロリトロリと宿場伝いに陸送されていたが、人口が激増し、それに伴って酒の需要も大幅に増加すると、そのようなのんびりとした輸送では間に合わなくなる。そこで出された妙案が船を使っての海上輸送であった。

元和五年（一六一九年）、紀州富田浦の二五〇石船が堺の商人に雇われて大坂から酒、醤油、酢、和紙、綿、布などを運んだのが上方・江戸間の貨物運漕の最初である。このように商人に雇われた紀州の商船を「菱垣廻船《ひがきかいせん》」と呼んだ。船倉には樽に入った酒、酢、油、醤油などの重量物を積み、甲板上には和紙、畳表、布などの軽量物を積み上げ、舷側には垣立《かきたつ》

（積荷落下防止のための格子の戸板）を立てたが、垣立の格子が菱形であるところから「菱垣」の名がついた。元和五年は徳川家康の一〇男頼宣が紀州初代藩主として入国した年である。

その後、元禄七年（一六九四年）、江戸で下り品問屋の連合体である十組問屋（後の二十四組問屋）が成立すると、紀州のほとんどの廻船はその連合体に専属していた菱垣廻船に加入した。こうして菱垣廻船団は一大勢力をもって江戸・大坂間を往復していたが、享保一五年（一七三〇年）に積荷仕建のやりくりや共同海損《かいそん》（今でいう損害保険のようなもの）等でトラブルが発生し、酒問屋が十組仲間から離脱し独自で酒だけを運ぶ船を就航させることになったため、元禄二年から享保一五年まで続いた菱垣廻船による酒の運搬は一応終わった。

菱垣廻船. 幕末, 外国人の撮影した珍しい写真
(『日本生活文化史』第6巻)

酒問屋が就航させた廻船は、酒樽荷を主として運搬したので「樽廻船《たるかいせん》」と呼ばれたが、以後この船団が江戸への酒樽運搬に果たした役割は絶大であった。菱垣廻船はその後、米、糠《ぬか》、藍玉《あいだま》、素麺《そうめん》、酢、

油、醤油といった日用品を荷の中心とし、樽廻船は酒荷専用の船となって、両廻船間で荷積協定を結びながら、鎬《しのぎ》を削って江戸へ物資を輸送した。

樽廻船の隆盛時は、伊丹、池田、灘目、西宮の酒が年間一〇〇万樽にも及んだが、当時下り酒がいかに江戸でもてはやされていたかを示すのが、これから述べる「番船競争」である。これは、その年の新酒を樽に詰めて一斉に出帆し、江戸への一番乗りを競うレースであった。味は未熟だが香りの高い新酒を、高値でもいいから手に入れようとする江戸っ子気質がよく見える行事であって、当時の江戸では初鰹と共にこの下りものの新酒が大変に珍重されていた。

出帆は初冬、今でいえば一一月とか一二月であった。前年度の寒造りの酒の夏を越させた熟成酒（古新）を出荷する前に、早々と醸し出されたばかりの今年の新酒は、搾るとすぐさま樽に詰め、造り酒屋の直営あるいは関係の深い廻船問屋の樽廻船に積みこまれる。番船競争に参加する船を「一番船組」と呼び、参加船数は少ないときで七艘、多いときには一五艘もあった。一番船組の出帆の時期は、寛保三年（一七四三年）は九月五日であったのに、天明三年（一七八三年）には一〇月一一日、文政六年（一八二三年）には一二月五日と次第に遅くなったのは、寒造りがいよいよ定着し、年を追うごとに新酒の醸出日が遅くなったことと、香りだけでなく味のほうも重んじられるようになったためであろう。

出帆日が決まると、新酒を積んだ一番組船はいったん西宮に集結、大行司役がルール違反がないか荷積量などを綿密に点検し、これに合格すると参加資格が与えられた。いよいよ参加船が勢揃いすると、出帆にあたって極印元《ごくいん》（造り酒屋）や酒問屋、廻船問屋の関係者らが集まって航海の安全を祈る出発の儀式を行った後、大行司の旗を合図に一斉に纜《ともづな》を切って出帆した。見物人や見送りの人たちは喚声をあげ、鉦や太鼓で囃したて、また廻船問屋は出帆を見届けてから早飛脚を立てて江戸の問屋に知らせたのである。

寛政二年（一七九〇年）の記録では、西宮船三艘、大坂船四艘の合計七艘が西宮に集結、一一月六日に大行司の合図と共に出帆した。普通は西宮と江戸の間は速い船でも一〇日は要したのに、一番船組はその半分の五日で帆走したというのであるから、いかに風をうまく使い、操舵技術が優秀であったかがうかがえる。この年の一着は大和屋三郎船（大坂）、二着は綛屋《かすや》十次郎船（西宮）と記録されている（船の名前は樽廻船問屋の主人名であって、船頭の名前ではない）。

さて一番船組は、品川に着くやいなや、投錨も終わらぬうちに伝馬船に樽を積みかえ、押せるだけ艫を漕いで決勝点である大川端の問屋へと急いだ。その到着順を江戸大行司が審判し、早返りの飛脚で大坂に知らせたという。『酒を運んだ紀州廻船』（松本武一郎『日本醸造協会雑誌』第七七巻七号）によると、一番船には各方面から多大の祝儀があり、乗組員には高額の特別手当が支給された上、一年間さまざまな特権も与えられた。

江戸の問屋では、一番船が全部揃うのを待って、行司や年寄たちが船に赴いて唎酒《ききざけ》をし、御膳酒（今の宮内庁御用達のようなもの）を選んだという。何十艘という瀬取船《せどりぶね》（親船の荷物を移し取る小船）が「大茶船《おおちゃぶね》」（茶船とは運搬用の船のこと）という大きな旗を立てて番船に横づけにする。船上では送り状に従って荷を仕分けたり荷を下ろしたりと大忙しであった。

瀬取船に酒樽が移され、接岸してもすぐに荷揚げは許されず、合図の旗を待つ。旗は各問屋の陸揚げ準備完了を見届けてから、瀬取行司が新橋・中之橋から振りはじめ、順々に湊橋へと振られていく。この新酒樽の庫入《くらい》れも一つの見世物であって、江戸市民に新酒をアピールするのに絶大の効果があった。新川のあちこちで、酒庫と瀬取船間に歩み板が渡され、巧みに薦被《こもかぶ》りを転がし、その速さを競うのも見せ場の一つだった。それを物見高い江戸っ子が群がって見物し、ヤンヤヤンヤと囃し立てる。

一方、その頃、問屋の主人たちは深川の料亭「平清」で寄合いを開き、今年の新酒の評価やら、御祝儀相場の値を決めている。新酒が入荷した酒庫には問屋が青い旗を立て、得意先の小売屋に「配り酒」（予約注文されていた酒）を始めるのだが、この酒は早速小売屋から出入りの屋敷、町家へと一升、二升と配達されるのであった。

番船競争の最も華やかだった寛政・文化時代の情景はこのようなものであった。樽廻船の隆盛はその後約一〇〇年も続くが、天保四年（一八三三年）酒樽の輸送は再び菱垣廻船に復帰する。これは、紀州藩から幕府に、菱垣廻船をもっと使うよう要請があったのと、樽廻船問屋内の事情の変化のためである。その後、天保改革（一八四一年）で株仲間は解散、明治維新直前には洋式帆船や蒸気船も出現して運送界は大きく変化し、ここに廻船は姿を消した。それから一八〇年が過ぎ、今日では酒は樽でなくガラス瓶や紙パックに詰められて、廻船でなく大型トラックによって高速道路をスピード陸送され、日本列島を縦横に運ばれているのである。

酒合戦

「酒合戦《さけがっせん》」（酒の飲みくらべ）というのがある。古いものでは平安時代の宮中で行われた八人の公家衆による御前試合。この飲み比べは延喜一一年（九一一年）六月一五日に亭子院で催され、大盃八回の巡盃にも平然としていた藤原伊衡《これひら》が、宇多上皇から乗馬を賜った。近世では川崎の大師河原での東西両軍による壮烈な酒合戦が有名である。『水鳥記《すいちょうき》』として茨木春朔が記録しているもので、春朔自ら東軍の大将であった。慶安元年（一六四八年）八月、東軍一六名、西軍一四名による合戦が開始され、東軍が勝利している。

大田蜀山人《しょくさんじん》は『後水鳥記』として「千住の酒合戦」を伝えている。この合戦は大師河原のような団体戦による飲み潰《つぶ》し戦ではなく、個人戦である。文化一二年（一八一五年）一〇月二一日に行われ、参加者は百余人。競技会に使用された盃は厳島《いつくしま》盃（五合）、鎌倉盃（七合）、江島《えじま》盃（一升）、万寿無量《まんじゅむりょう》盃（一升五合）、緑毛亀《りょくもうき》盃（二升五合）、丹頂鶴盃（三升）である。一人ずつ盃をあけると記録係が記帳し、柳町の芸妓三人が酒をつぎ、これを見分役が見とどけるという公式のものであった。

結果は野津小山の佐兵衛という男が緑毛亀盃三杯（七升五合）を飲み優勝、第二位が会津の浪人河田某で六升二合（河田某は旅の途中でこの合戦の話を聞きつけ、奥ゆかしく思い参上したといって、厳島盃から緑毛亀盃まで六升二合を片づけ、さらに丹頂に手をかけようとしたが、旅の途中でもあり、急な用事があると立ち去った、とある）、第三位は馬喰町の大坂屋長兵衛で四升五合飲んでいる。

大酒の会には、たいてい著名な文化人が見分役として立ち会って記録を残していることから、競技者の飲酒量は眉唾《まゆつば》ものではなかったろう。この合戦には、蜀山人のほか儒者の亀田鵬斎《ほうさい》、画家の谷文晁《たにぶんちょう》らが見分役になっている。

このような大酒の会での最高記録は、文化一四年（一八一七年）三月二三日に両国柳橋の万八楼で行われた酒合戦で、芝口の鯉屋利兵衛が三升入りの盃で六杯（一斗八升）飲んで優勝したもので、この記録は以後も破られていない。利兵衛三〇歳と記されている。

酒合戦には、もうひとつ早飲み合戦というのもあった。古くは宮中で儀礼に従って行われたものであり、『親長卿記《ちかながきょうき》』（室町時代）には「十度飲《じゅうどのみ》」という競技が記されている。この競技は参加人数二〇人で、左右一〇人ずつに分け、左方、右方から交互に進み出て五杯ずつを早く飲んだほうが勝ちという競技であった。親長卿もこれに参加している。この日は宿直の番だったが酔って無理となり、早々に宮中から退出したと付記している。

近代では昭和二年の春、埼玉県熊谷で行われた「熊谷の酒合戦」が有名である。会費二円五〇銭を払えば誰でも参加できた。優勝したのは熊谷の住人某で一斗二升、第二位がおとめという女丈夫で九升五合、第三位は加須《かぞ》町の役場に勤める中川という人で、七二歳という年齢にもかかわらず七升五合飲んだと記録されている。

今日、このような大酒飲み競技や早飲み大会はほとんど見られなくなったが、それは、酒そのものが貴重であった時代から社会環境が大きく変化したことと、これらの競技では多くの場合急性アルコール中毒という事故がつきものであり、主催者の責任問題がからんだりすることによるものである。参加者の健康問題も大きな理由になっていることは言うまでもない。

往々にしてこのような大酒飲みの会は、酒が不足している時、憧れの酒を思い切り飲む、またはそれを見物することによって、一種の欲求不満を解消することや、豊作大漁を祈る景気づけとしての催しであって、昨今の若者が「イッキ、イッキ」と叫《わめ》いてくだらなく飲酒量を競うのとはまったく意味の異なるものである。

酒を唎く競技

「酒を唎《き》く」とか「唎酒《ききざけ》」という言葉を聞いたことがある人は多いだろう。酒の色、味、香りを目、口、鼻といった官能器官で鑑定し、その良し悪しを判定することである。「唎く」という字は、漢和辞典にも載っていないから、おそらく「左利き」や「目が利く」などという「利く」に口偏をつけて、「口で以てきく」という意味を持たせた宛字なのであろう。

では、酒を吟味することをなぜ「きき酒」とか「酒をきく」というのだろうか。その語源について調べてみると、どうやら「聞く」からきたとみて間違いないようだ。そもそも聞くことは耳で起こる感覚だが、いつのころからか「嗅ぐ」という鼻の感覚にも、情緒を織り込めて用いられるようになったからだ。『今昔物語』には「鼻にて聞けば」という一節があり、『無量寿経《むりょうじゅきょう》』（浄土教所依の教典）にも「見色聞香」とある。また謡曲の『弱法師《よろぼし》』には「や、梅の香が聞こえ候」という何ともいえぬ風情も表現されている。匂いを嗅ぐことを「聞香《もんこう》」と書き、「香を聞く」とするのもそのためである。

このように「きく」は「かぐ」にも用いられ、それがさらに「味わい試みる」という広い意味にも使われるようになって、これらを総合しながら、唎酒とは鼻で香りを聞き、口で味を聞き、目で色を聞き、そしてその全体をも聞くということになったのである。

さて唎酒の競技であるが、これは古く室町時代から行われてきた。邪念を払って精神を統一し、短時間のうちに酒の性質を官能評価し、これを記憶して酒を判別するというもので、記録では文明六年（一四七四年）に行われている。この競技を「十種酒《じっしゅざけ》」と称した。遊び酒の要素を残しながらもかなり教養的な要素を含んだ競技で、酒は飲んでただ酔うだけというとらえ方から、より高度な域に位置づけた点で注目されるものである。その作法や仕方が平安貴族の間でさかんに行われた「十種香《じっしゅこう》」（薫物《たきもの》合せの遊び）に似ていることも興味深い。『後鑑《のちかがみ》』（巻二二〇、義尚将軍記）の文明六年六月二八日の条に、「准后《じゅごう》家御参内、有十種御酒宴」とあり、また『親長卿記』にも「十種酒大略十種香の如し」とある。

その仕方は、一〇人ずつを右方と左方の二組に分け、両組に御酌人一名をおく。酒元《さかもと》（行司役）をつとめる人が三種の酒を指示して御酌人が競技者につぐ。競技者はこれを唎酒してその酒の性質を記憶する。しばらくして今度は一〇種の異なった酒をつぎ、その酒が先程のどれと同じであるかを唎きわける。競技者が筆で紙に書き込んだ結果を酒元が集計し、当てた数によって勝負を決定するというものである。『親長卿記』には、左方は主上（土御門帝）、前将軍義政夫人富子ら、右方は室町殿（前将軍義政）や式部卿宮らおのおの一〇名ずつであったことや、御酌人、酒元をつとめた人の名まで克明に記してある。この日は主上側の「左方御負」であった。翌二九日にも十種酒が催されたが、再び主上方が御負となったと同記は記録している。

このような唎酒競技は江戸時代中期まで続けられたが、そのうちに消えてしまったのは、十種酒に代って十種香が台頭したことや、酒道が行われだしてきたことなどによるものと思われる。今日では、全国各県の酒造組合や、日本酒造組合中央会が主催して、キャンペーンの一環として、都道府県対抗唎酒選手権大会とか、全国きき酒選手権大会といった競技が行われている。

酒の品評会

明治時代に入り、文明開化の風潮が吹く風にハタハタと靡《なび》いていたので、世の中には博覧会やら見本市、品評会、競品会といったものがあちこちで展開された。日本酒業界でも明治四〇年（一九〇七年）一〇月に、「第一回全国清酒品評会」が行われた。主催は全国酒造業者と大蔵省の関係官僚によって結成された、財団法人・日本醸造協会であった。

会場は、それより三年前に設立された国税庁醸造試験所（現在は独立行政法人・酒類総合研究所、設立から平成七年七月まで、東京都北区滝野川に所在してきた。桜の名所である飛鳥山公園を目の前にした景観の地）で、第一回とはいえ全国から実に二一三八点の応募があったのは大成功であった。当時全国には約八〇〇〇といわれる酒造業者があったが、万全でなかった交通事情や運搬事情を考えると、いかにこの品評会に寄せる業界の期待が大きかったかがわかる。

この品評会はその後も一年おきに盛大に行われ、全国の酒造業者が腕を競う晴れの舞台として、業界最大の行事となった。審査は大変厳しく、たとえば第一回の品評会では優等賞わずかに五点、一等賞四八点、二等賞一二〇点、三等賞五二八点で、優等賞獲得の倍率は実に四三〇倍という熾烈なものであった。ここで賞を受けることは、酒造家として最高の栄誉を得るばかりでなく、その御墨付きは宣伝にして抜群の効果があり、売れ行きにまで関係するので、全国の酒造蔵は目の色を変えて品評会用の酒造りに精力を傾けた。

当然このことは酒質の向上に結びつき、全国の酒蔵からは年ごとに優良酒が醸出された。日本酒業界の発展にとって品評会のもたらした効果は特筆されてよい。今日、大きな話題となって人気を博している「吟醸酒《ぎんじょうしゅ》」も、実はこの品評会の歴史の中で生まれてきた逸品である。

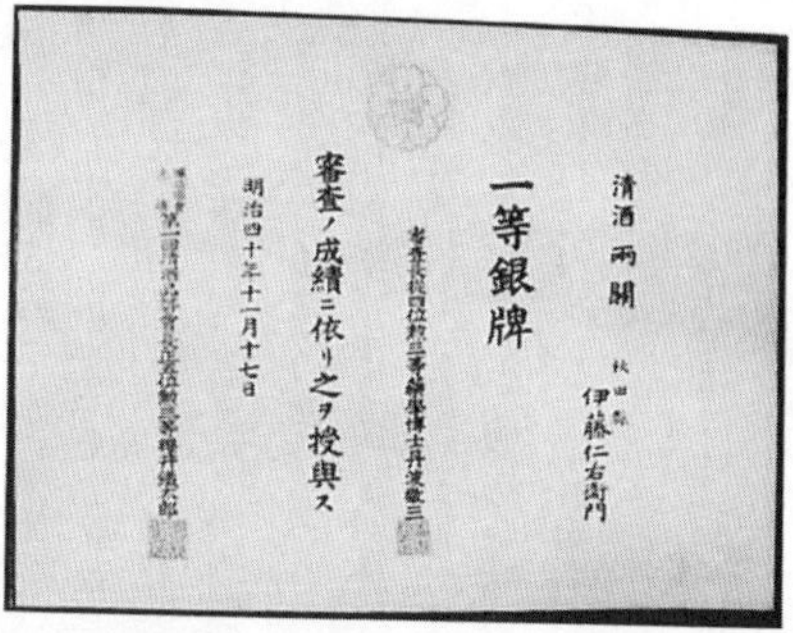

第１回清酒品評会（明治40年）の表彰状（秋田県両関酒造蔵）

日本醸造協会主催の品評会は、年を追うごとに発展し、昭和九年の第一四回には五一六九点が出品され、また第一五回の表彰式は東京宝塚劇場で行うほどの盛況ぶりであったが、日中戦争を契機として次第に国際情勢が緊迫すると、昭和一三年には日本酒の生産統制が実施され、大戦前夜の一四年にも前年をしのぐ減産に追い込まれるなど、酒造業界を取りまく情勢は日を追って厳しくなり、ついにこの年、戦時経済の統制化を理由に三〇年間も続いた全国清酒品評会も中止のやむなきに至ったのである。

そして太平洋戦争突入、品評会はおろか日本酒の製造にも全面的な統制が加わって、酒造業界は休眠状態に入る。戦争が終結してしばらくした昭和二四年、日本醸造協会は会館落成を記念して、「全国優良酒類鑑評会」と名を改めて復活品評会を行った。この鑑評会は昭和二六年まで三回行われたが中断、代って昭和三六年からは東京農業大学が「全国酒類調味食品品評会」を催し、品評会の持つ重要な役割を引き継いだ。大学がこのような全国規模での酒類の品評会を行うのはきわめて異例のことであり、この大学がモットーとする実学精神の現われとして大きな評価が下された。この品評会はその後昭和五一年の第一五回まで続き、酒造会社への貢献のみならず醸造学を専攻し将来自分の酒蔵を継ぐ者や、酒造会社の技術者となる者にまで教育的効果を及ぼした。

現在行われている品評会の中で、最も伝統と権威のあるのは、財務省国税庁が主催（現在は酒類総合研究所と日本酒造組合中央会の共催）する「全国新酒鑑評会」で、一〇〇年以上の歴史がある。それまで日本醸造協会や東京農業大学で行われた品評会は、酒が熟成した秋に行われた「秋の品評会」であるのに対し、こちらは「春の品評会」と呼ばれて、醸出された新酒の酒質を競うものである。明治四四年に第一回が行われ、以後事変や大戦のさ中も止められることなく毎年行われ（ただ一度、東京が焼土と化した昭和二〇年だけ中止であった）、今日まで脈々と続いている。

審査員は国税庁醸造試験所の技官や全国の国税局の鑑定官が中心となる。審査の場所（現在は広島県東広島市にある酒類総合研究所）は滝野川の醸造試験所で、毎年五月に行われる審査の直前に全国から出品酒が届けられた。審査の結果、金賞、銀賞が決まるのであるが、それらの酒は「一般公開」と称してしかるべき後日に公開される。

当時、一般公開の日は、酒造関係者のみならず酒卸売業者や小売業者、意欲的な料飲店主らが唎酒に訪れ、今日でも国税庁醸造試験所の広い中庭から正門まで一〇〇メートルもの列が出来るほどの盛況である。金賞の栄誉に輝いた酒造家の喜びは大変なもので、これまでの苦労を犒《ねぎら》い、また入賞を果たせなかった蔵元の落胆は大きいがその悔しさを次の年への糧として、再び主人も杜氏も努力を続けるのである。

品評会の審査方法はすべて審査員が目と口と鼻で酒を唎く、いわゆる官能鑑定法である。唎猪口《ききぢょく》という二〇〇ミリリットル入りの磁製の茶碗を使用するのだが、唎猪口の底には青紺色の蛇の目模様が二本入っており、酒のわずかな濁りや色がはっきりと浮き出るようになっている。鑑定する日本酒を七分目ぐらい入れてまずその色をみる。「冴《さ》え」はどうか、「ぼけ」はないか、「てり」はよいか、また色の濃さは適度であるか、慎重に観察する。色に関する唎酒用語は二〇語ほどで、「さえ」「てり」「ぼけ」「光沢」「つや」「白ぼけ」「混濁《にごり》」「コハク色」「山吹色」などがある。「さえ」や「てり」は透明度の高いことを意味し、その反対が「ぼけ」である。これらの用語を使い分けながら、唎いた酒の色の評価を審査手帳に記録していく。

次に唎猪口を鼻に持っていき、静かに匂いを嗅いで、匂いの性質、強弱、特徴、「吟醸《ぎんじょう》香《か》」の有無と強弱、「老ね香《ひか》」「ビン香」などを唎く。匂いに関する唎き酒の表現は非常に多く、酒の匂いがいかに複雑で多岐にわたっているものであるかを示している。審査員は七〇を超える用語でその酒の匂いの特徴をチェックしていく。「麹香《こうじか》」「新酒ばな」「吟醸香」「甘《あま》臭《しゅう》」「木香《きが》」「果実臭」「エステル香《か》」「炭素臭」「濾過臭」「老ね香」「つわり香《か》」「火落《ひおち》臭」「ビン臭」「カビ臭」「酸臭」「硫化水素臭」「油《あぶら》臭」「焦《こ》げ臭」「金属臭」「異臭」「ゴム臭」「古米臭」「腐造臭」「ひなた香」「日光臭」「アルデヒド臭」などの用語がある。

審査員は、これらの匂いをすべて嗅ぎわける。日本酒はデリケートな匂いを持ち、かすかな異臭もその品質を損なうので、香りに関する用語には長所よりも短所、欠点を表わす語が大半である。一般的には良い匂いには「香」、悪いのには「臭」をつけて呼ぶが、唎酒用語では悪い匂いにも「香」をつけている場合があるので注意を要する。

さて、匂いを嗅いだら次にごく少量（五―七ミリリットルぐらい）を口に含み、舌の上でころがしてみて「こく」はどうかとか、「まるい」か、味は「濃い」か「薄い」か、「若い」か「老ね」ているかなど、主として味を唎く。このとき、酒を口の中で長く溜めておくと、アルコールが体に吸収されるし、唾液で酒が薄まってしまうので五―一〇秒ぐらいとする。味に関する用語も七〇語ほどあり、その代表的なものが「こく」「ごくみ」「にくづき」「まるみ」「うまみ」「濃さ」「ふくらみ」「きめ」「さばけ」「はば」「のどごし」「ぼけあじ」「舌ざわり」「軽い」「重い」「なれ」「若い」「熟した」「老ねた」「さらっとした」「しまり」「うすい」「くどい」「さびしい」「だれ」「甘い」「辛い」「渋い」「す（酸）っぱい」「苦い」「雑味」「とろみ」などである。もちろん「甘い」「辛い」だけでなく、「甘さが口に残る」とか「苦味を持った辛さ」とかと感じれば、そのまま記録する。

次に、酒を吐きだすとき（受ける容器を「はき」という）、口から息を吸って鼻からその息を出し、そのときに再び感じる香りを観察する。審査する酒が何百点あっても、唎酒の酒は決して喉を越させない（飲み込まない）。酔ってしまうと、唎酒能力が狂ってくるためである。

こうして、香り、色、味についての総合点をつける。一点から五点の五段階で採点し、一は優秀、二はやや良い、三は普通、四は要注意、五は悪いとし、二〇人ほどの審査員の採点表を集計し、順位を決定する。もちろん、総合計点が低いほうが良い酒ということになる。同点の場合は「決審」といってそれらの酒だけで再び審査するから、ことごとく順位は決まることになる。

こうして仮に総出品点数が二〇〇〇点あったとすると、たとえば第一位から一〇〇位までが金賞、一〇一位から三〇〇位までが銀賞などと決まっていくのである。

ところで、一体どんな酒が金賞を得るのであろうか。それを一口で言えば「非常に優雅な芳香があって、味も上品で雑味がなく、甘味と酸味にバランスがとれ、切れ味がすっきりしている酒」ということになる。そういう酒を、酒造家は夢にみながら品評会のために長い間

特定名称の表示要件

特定名称	使用原料	精米歩合	こうじ米使用割合	香味等の要件
吟《ぎん》醸《じょう》酒《しゅ》	米，米こうじ，醸造アルコール	60％以下	15％以上	吟醸造り固有の香味，色沢が良好
大《だい》吟《ぎん》醸《じょう》酒《しゅ》	米，米こうじ，醸造アルコール	50％以下	15％以上	吟醸造り固有の香味，色沢が良好
純《じゅん》米《まい》酒《しゅ》	米，米こうじ	—	15％以上	香味，色沢が良好
純《じゅん》米《まい》吟《ぎん》醸《じょう》酒《しゅ》	米，米こうじ	60％以下	15％以上	吟醸造り固有の香味，色沢が良好
純《じゅん》米《まい》大《だい》吟《ぎん》醸《じょう》酒《しゅ》	米，米こうじ	50％以下	15％以上	吟醸造り固有の香味，色沢が良好
特《とく》別《べつ》純《じゅん》米《まい》酒《しゅ》	米，米こうじ	60％以下又は特別な製造方法（要説明表示）	15％以上	香味，色沢が特に良好
本《ほん》醸《じょう》造《ぞう》酒《しゅ》	米，米こうじ，醸造アルコール	70％以下	15％以上	香味，色沢が良好
特《とく》別《べつ》本《ほん》醸《じょう》造《ぞう》酒《しゅ》	米，米こうじ，醸造アルコール	60％以下又は特別な製造方法（要説明表示）	15％以上	香味，色沢が特に良好

日本酒造組合中央会では不当表示防止法の趣旨にかんがみ，消費者の商品選択に資し，かつ公正競争の秩序維持のために，清酒の特定名称の表示にあたっては，使用原料や精米歩合，香味等の要件などの条件を満たしたものに限り許すことに決めている．たとえば清酒に「純米大吟醸」という表示をしたい場合の酒は，原料が米と米こうじのみ，精米歩合が50％以下で吟醸造りの醸法で醸し，香りが高く，味が上品な酒でなければその表示はできない

努力してきた。その結果が、今大流行の吟醸酒の誕生につながったわけである。吟醸酒は、以前は品評会用に造られた酒であったから、ほとんど街に出てくることはなかった。このようなすばらしい酒を日本人が長い間知らなかったというのは、ある意味では残念なことではあったが、一九八〇年頃より市販されだし、今日では容易に入手できるようになり、日本酒を愛する者の大きな喜びともなった。

品評会という、酒を競う会の申し子ともいうべきこの芸術的な酒・吟醸酒は、今まで私たちが飲んでいた日本酒とはかなり風味が異なる酒である。メロン、バナナ、リンゴの匂いに似た芳香があり、この香りこそ吟醸酒の命といえる。「吟醸香《ぎんじょうか》」または「吟香《ぎんか》」と呼ぶが、すべての吟醸酒にこの香りがあるわけではなく、かすかにしかその香りがない、あるいはほとんど感じられないものもある。

この香りを出すためには、吟醸酒造りのための特別の米を原料とし、特殊な麹を造り、超低温発酵を行わせる必要があるから、結局は酒を造る杜氏《とうじ》の腕で決まることになる。この香りがないと鑑評会で入賞することはできないので、杜氏は吟醸酒を醸す時期になると夜もおちおち眠れないといった状態で、麹の手入れやもろみの管理に万全の注意を払う。

吟醸香を出すには、まず特別に栽培された高価な酒造好適米（たとえば「山田錦」）を、精米に精米を重ねてその半量にまで磨きあげる。私たちが食卓で食べる米は、玄米から一〇％程度の糠《ぬか》を除いたもの（これを精米歩合九〇％の米という）にすぎないが、吟醸酒の場合は精米歩合五〇—四〇％の米を使う。これだけ精米すると、本来長卵形の米は丸い粒となり、ガラスビーズのような透明に近い米に変身する。麹も「突き破精《はぜ》」と称する特殊な若麹を造り、さらに一〇℃以下という、発酵理論上からみて限界に近い温度で、吟醸酒用清酒酵母により発酵させる。

吟香はまた、吟醸酒造りを指揮する杜氏の腕によっても出かたに差が生じる。すでに、鑑評会や品評会で常に優秀な成績を得る名杜氏があちこちの蔵に誕生している。杜氏は、吟香を立てるこの高度な職人技を重要なノウハウとしており、他に伝授することは稀である。

もちろん、吟醸酒には吟香だけでなく味も重要で、雑味のない上品なコク味と切れ味、そしてバランスのとれた甘味と酸味と辛さが必要である。鑑評会でも味は採点の対象になるから、杜氏は常に気を抜かずに細心の注意で酒造りにあたるのである。

昨今、吟醸酒の香りや味の生成機作を現代化学の手段で解明しようと、発酵中の吟醸酒における酵母の生理状態や酵素系について研究されているが、未だ明らかにされない点も多く、ますます神秘性に富んだ幻の酒となっている。

第七章　日本酒と器

変り種の盃．上二つは「可盃」（べくはい）で，盃の底に穴が開いているから飲みほすまで下に置けない．左下は酒を入れると賽子（さいころ）が浮き上ってきて目が出るから遊べる．右下は酒を入れると美人の顔が現れるというもの

酒造りの器・酒殿と酒蔵

ある特定の箇所を酒造りだけを目的として決め、そのための機能を備えた最初の建物は「酒殿《さかどの》」であった。大昔は神に供えるための酒造りが主な目的であったから、神聖な場所として神社の境内がそれに当てられた。ここに示したのは、国宝に指定されている春日大社の酒殿の平面図である。実際に建物を拝見してみると、当時としては壁を厚くして外気の影響を受けにくくしたり、屋根に空気の流通をはかるための仕掛けがあったりして、酒を上手に育むためにどのような機能が大切であるかを知りつくした設計である。

土間では原料の米を竪臼で搗《つ》き、水でその米を洗い、蒸籠《せいろ》で蒸し、板の間で麴が造られていた。当時の建物としては畳の部分が多く、また酒蔵に畳間があるのは不思議な話だが、これは後になって酒殿を祭器用具を入れる祭器蔵に改造したためである。酒殿の時代、畳の部分は土間になっていて、そこに「甕《もたい》」(仕込み容器)を並べて酒を醸していたのである。

この酒殿は、『春日神社本社・摂社・末社諸建物明細書』によれば、「清和天皇貞観元年(八五九年)創立、当初ハ元酒殿ト称ス、殿内ニ酒殿ニ坐神鎮坐ス」とある。ところがそれより前の『続日本紀』巻第一八・孝謙天皇の条の天平勝宝二年(七五〇年)二月一六日に「春日ノ酒殿ニ幸ス」とあることから、今の国宝指定の酒殿の前身というべき酒殿がすでに存立していたものと推定できる。九世紀初めには、春日大社は藤原一門の氏神としてその偉容を誇り、盛大な祭儀も多く執り行われて、その都度この酒殿で供饌のための神酒が醸されていた。当時の様子は神楽歌《かぐらうた》や酒楽歌《さかほがいのうた》などに残されていて、酒殿で米を搗く舂女《うすめ》の酒殿歌には「楽浪《さざなみ》や　志賀の辛崎や　御稲《みしね》舂《つ》く　女の佳ささ　其もがも　彼もがな　いとこせにむや」がある。長い裳裾《もすそ》を引いた舂女が、重労働であった米の搗精《とうせい》作業の間、絶えることなくこのような歌を歌い、酒殿に流れていたのであろう。

こうして搗きあげられた米を洗米し、蒸して麹と水と共に甕に仕込んだのだが、そこにも興味深い歌が残されている。「さかどのは　今朝は な掃きそ　とねり女の　裳引き裾引き　今朝は掃きてき　今朝庭掃きき」。すなわち舎人女《とねりめ》たちが、酒殿やその周辺を清潔にするために、毎日毎日丁寧に掃除をしていたことを歌っているのだが、御神酒殿であるから常に清浄に保つことは当然としながらも、同時に、良い酒を醸すためには、酒造りの場の清潔さがいかに大切かも知りつくしていたような歌である。若い舎人女たちだから酒殿を舞台にした恋もあって、「さかどのは　広し真広し　甕越しに　我手な取りそ　然はせぬわざ　しか告げなくに」と

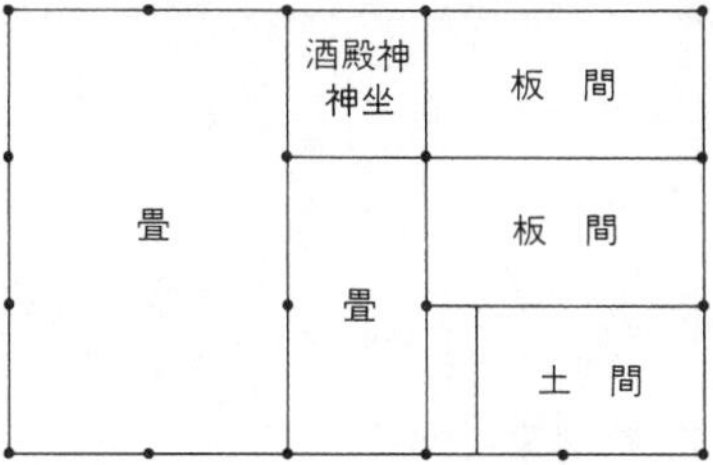

春日大社の旧酒殿の平面図（『日本の酒の歴史』）.
建坪：24坪5分（81㎡），　桁行：42尺（12.73m），梁行：21尺（6.36m），高さ：17尺5寸（5.30m），棰出：17尺（5.15m），屋根檜皮葺：67坪8厘（221.7㎡）

いう歌も残っている。

それから約一〇〇〇年後の天保六年（一八三五年）の酒蔵の平面図を示した。酒を育む仕込み蔵は、作業がしやすいようにすべて二階建てとなっている。しかし総二階にすると換気が悪くなるから、壁の左右を空間にして、建物全体の空気の流通がよくなるように配慮している。また、夏でも冷涼な蔵内温度を必要とするため、夏季になるべく太陽の熱を受け入れないようにと、土を厚くのせて瓦《かわら》を葺《ふ》いている。

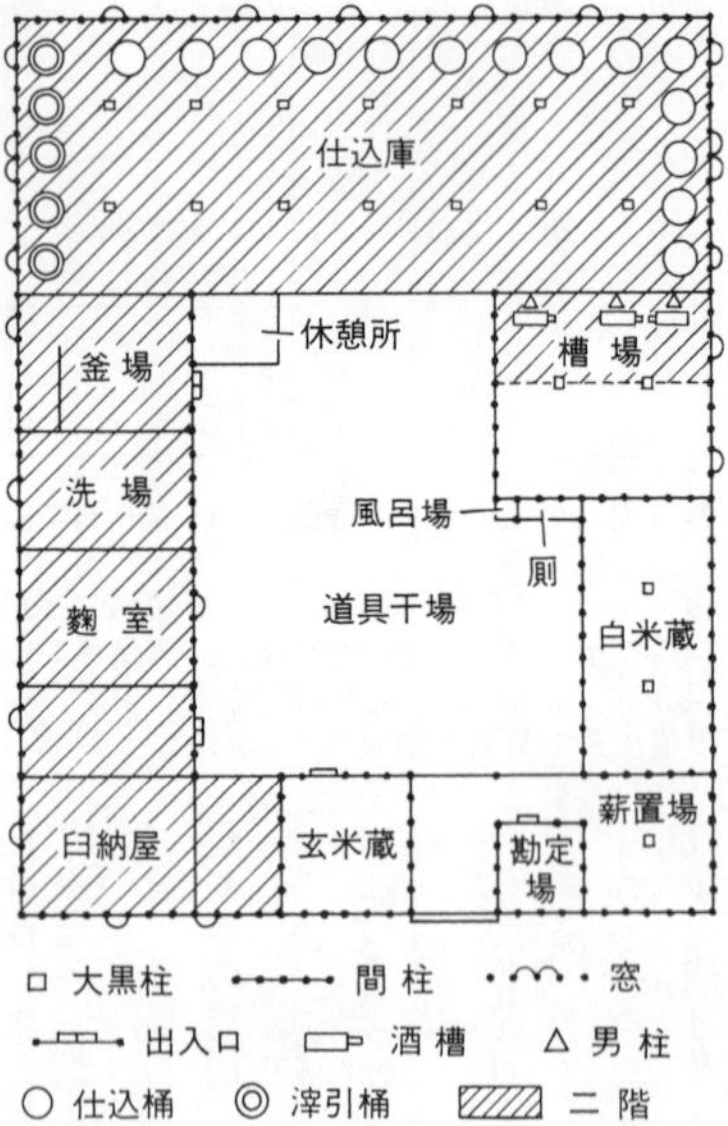

天保年間の千石蔵の平面図（『本嘉納家文書』）．
東　西：16間（29.1m），　南　北：19.5間（35.4m），総坪数：312坪（1,031.4㎡）

仕込み蔵に窓が多いのは、蔵内温度の調節と換気のためであるが、その窓は外側に壁戸が、その内側に紙張りの障子戸がある二重戸の構造にしてある。今日ではこのような土蔵は造られなくなり、鉄筋コンクリート造が主流を占めるが、良質の酒を醸し、育むために考えられた昔の酒蔵の基本的構造や設計はそっくり受け継がれている。酒造りに対する先達の鋭い観察力と知恵の深さを物語っているものといえよう。

この平面図で示した酒蔵の一年間の酒造規模は、原料米で約一〇〇〇石であったので、このような酒蔵を「千石蔵」と呼んでいた。一日の作業としての原料米も一〇石の規模であった上、この当時はすでに寒仕込み方式がとられていたので仕込み期間は一〇〇日へと圧縮され、酒蔵内では、作業のやりくりに非常な混乱があったと思われる。それを可能にしたのは水車導入による原料米の大量処理と、仕込み容器としての桶《おけ》の大型化であった。

この二つのことによって、今日的酒造業である工場制手工業方式の形態は確立されたとみてよく、以後一つの酒造蔵からの醸造量は飛躍的に拡大した。たとえば灘目《なだめ》御影村の嘉納治郎右衛門家は、文化文政において急激な進展をみせた典型的な蔵元であるが、文化三年（一八〇六年）にはすでに四二三〇石、文化一一年（一八一四年）にはその三倍の一万二五七六石も造っている。

それから二〇〇年以上経った今、灘や伏見の大手酒造メーカーでは、六階建て、八階建てといった工場を酒蔵として、最上階から原料米を入れると、以下は洗米、水切り、蒸し、冷却、製麹、発酵に至るまで流れ作業的な連続醸造となり、もろみはステンレススチール製のタンクの中でじっくりと育まれるという状態を普通にみるようになった。また、今日、大手メーカーの大半は酒造蔵全体を冷房して年間を通して冬の状態とし、四季醸造を行っている。一方、地方の中小蔵の中には、依然として昔の土蔵をそのまま使っているところもある。酒を造る器としての酒蔵の状況はさまざまではあるが、今も昔も酒蔵が具備していなければならない条件というのは同じで、その原点をとり違えると、いくら外観は立派な酒蔵であっても良い酒を醸しだせないということである。

酒を醸す容器

酒は液体なので、その誕生のための不可欠要因の一つが容器の存在ということになる。器があって、はじめて酒が醸せるのであるから、原始狩猟時代の液果堅果類の酒には大型の貝殻とか木の切株、動物の骨板などが使われた。

そのうちに土器の時代がくるが、その最初の土器は縄文式といわれるものである。土器といっても、この時代のものはまだ単純なもので、周りに簡単な縄の目が付き、頭が広く底が尖《とが》り気味の深い鉢の形をした、尖底深鉢型の土器であった。それが縄文中期から晩期になると形も大形化し、装飾も複雑になってくる。特に晩期には、米による酒造りが行われはじめたから、仕込み用の器もそれに相応したものが使われていた。

ただこの時期の器は、その後に出てくる甕《もたい》のようなものと比べるとまだ小さかった。それはおそらく、土器造りが未熟で、貯えている間に酒が外に滲《にじ》み出たり、また、酒造りの技術も未熟であったのでせっかく造った酒を貯えておくと腐ってしまうことがあるなどの理由から、酒を長く貯蔵することは危険であり、したがって少量を造りすぐに飲むことが続いたので、器も小さかったのであろう。

弥生時代になると、蓋や把手の付いた壺や鉢が、それまでより大形化して出てくるようになり、色は明るい色調に焼き上げられている。これは燃料を豊富に使って焼成温度を上げ、十分に酸化させた焼き上げ方をしていたためだが、まだこの時代は釉《うわぐすり》を使っていないので、酒を入れるとそのうちに滲み出ることに変わりはなかった。

酒を仕込んだり貯えたりした大型の須恵器

ところが、古墳文化の後半から須恵器《すえき》と呼ばれる大型の陶質土器が登場する。この土器は一二〇〇℃という高温の還元窯で焼かれたために非常に丈夫であり、また吸水性も少なく、火にかけてもその高熱に耐えうるものであったため、主に液状物の容器に使われるようになった。酒造用として使われていたのは壺《つぼ》と瓺《みか》と甕《もたい》で、容量は壺は一―二リットル、瓺は大型で二〇〇―九〇〇リットル（一升ビンに換算すると一一〇―五〇〇本)、甕はさらに大型で五〇〇—一三五〇リットル(同二八〇—七五〇本)もあった。壺は小分けの容器として、瓺と甕(この両者は必ずしも区別されず、甕に統一している学者もいる)は仕込み容器および得られた酒の貯蔵容器に使われていた。

この当時酒の仕込みに使った須恵器は、奈良県天理市の石上神宮《いそのかみじんぐう》酒殿跡から発掘されたものが有名で、高さ約一メートル、胴径一メートル六センチというこの大型甕は、今でも石上神宮に所蔵されており、見学することができる。

奈良時代を経て平安中期までその最盛が続いた須恵器は、次第に影が薄くなり、平安後期から鎌倉に入るやその多くの窯が滅びてしまった。陶磁器が台頭してきたからである。この新しい器には、人為的に釉《うわぐすり》がかけてあり、酒が滲み出ることがなかった。本格的な発達は鎌倉初期で、製造の中心地が瀬戸であった。酒造用容器としても早速使われはじめ、大型仕込み用の陶磁器では一回の仕込みに二石から三石(一升ビン換算で三六〇本から五四〇本)、特大のものでは五石(同九〇〇本)近い甕まであった。

以後室町時代まではそのような器で醸されていたが、室町末期から江戸初期にかけて書かれた『多聞院日記』のあたりから、今日のような多段掛け法による仕込みが確立されると、その仕込みの大型化にともない、いよいよ「桶《おけ》」が登場してくる。同日記には天正一〇年(一五八二年)に一〇石(一・八キロリットル)も入る大型の「酒桶《さかおけ》」の記載があり、しばらくして慶長一四年(一六〇九年)の『林家文書』には、紀州和歌山で一六石(二・九キロリットル）もの大桶が使われている。

　もちろん、桶はもっと古い時代から造られてはいた。奈良時代、生活用品の一部としてすでに使われていたことは、平城京跡から「曲物桶《まげものおけ》」が多数出土していることでわかる。曲物桶というのは片木《へぎ》に割裂したものを円筒状に巻き、合わせ目を桜や樺の樹皮の紐で縫い合わせ、それに底をつけたもので、水、油から、穀物や野菜、鮓《すし》、饅頭、さらには下着や足袋まで、さまざまな生活用品を入れるのに広く使われた容器である。

大桶造り．今はこのような光景はまったく見られなくなった（昭和初期，『灘の酒用語集』）

　中世まではこの曲物桶が主体であったが、鎌倉末期から室町時代に入って急速に普及したのが「結桶《ゆいおけ》」であった。鉈《なた》で割って造った短冊《たんざく》形の側枝を円筒形に並べて竹などの箍《たが》（輪）で締め、底を入れたものである。ちょうどそのころ、「樽《たる》」も広く普及しだしたので、一時は桶と樽とが区別しにくくなったが、桶のほうが次第に大型化していったのに対し、樽は手ごろの大きさで留まったことと、樽は主に壷形であり、その上、蓋を固定する点が桶と異なるので、両者を明確に区別するようになった。以後は、酒を例にすると、桶

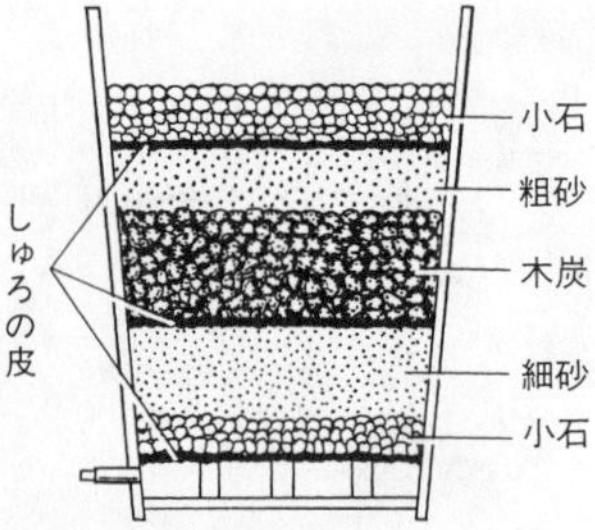

砂桶．日本酒の仕込み水の中に鉄分や有機物などが含まれていては良い酒が出来ない．昔はこの砂桶のような浄水桶を造って仕込み水を純化していた

は造りの容器に、樽はそれを輸送する容器にと役割分担していった。

　結桶は曲物桶に比べて強度、密閉性、耐久性などの点で格段に優れていた上、二〇石とか三〇石というようにそれまでの甕を代表とした容器に比べて一〇倍以上の容量を持たせることができたので、その用途は飛躍的に拡大していった。特に酒、醤油、味噌、酢といった醸造業では、用途によってさまざまな桶が造られたが、中でも造り酒屋が桶から受けた恩恵は計り知れないものがあった。たとえば桶による酒造りが始まってから、そこに登場する桶を酒造工程順に並べてみると、「はす桶―踏み桶―清桶《すましおけ》―飯溜桶《めしだめおけ》―半切桶《はんぎりおけ》―酛卸桶《もとおろしおけ》―暖《だ》気《き》桶《おけ》―壺代桶《つぼだいおけ》―仕込み桶―枝桶《えだおけ》―試桶《ためしおけ》―荷桶《におけ》―狐口《きつねぐち》桶―待桶《まちおけ》―滓引桶《おりびきおけ》―囲《かこ》み桶（貯蔵桶）」となる。すべての工程で、その作業に合った桶がつくり分けられてきたのである。

　このようなさまざまな桶を使った酒造りは、比較的近年まで続いていた。それまで小規模な地方産業であった酒造業が、灘目、西宮、伊丹、池田、伏見といったところを中心として全国に販路を持つ一大産業へと発展していったのは、桶や樽の出現とその役割に負うところが非常に大きかったのである。

桶による酒造りが以後何百年と続いたのは、わが国が世界有数の杉材の生産国であり、また箍《たが》に使用する竹も豊富で、桶の材料に事欠かなかったためでもあった。造り酒屋の倅《せがれ》であった私も、幼少の時代に桶造りの音で目が醒めたのを今でも鮮明に覚えている。桶屋の親方と手子《てこ》が、朝のうす暗いうちから酒蔵の前の空地にやってきて、焚火をしながらその側で巨大な竹の箍（輪）を編み、それを杉材で枠組《わくぐみ》した桶に木槌で叩きながら塡《は》め込んでいくのである。その音がまことにリズミカルで、「トンコトコトコトッツンコ」といったように、音で調子をとりながら、何度も何度も叩きつづけ、槌打つ者と箍塡《たがは》め手とがタイミングを合わせながら作業するのであった。

瓶唎き．貯蔵酒の状態を小分けした唎瓶を開けて毎朝検査していた（大正末期から昭和初期）．少しでも異常な匂いがするとすぐに元桶の酒を調べた（『灘の酒用語集』）

ところで時代が経って物事が科学的に解明され説明されはじめる近代になると、桶にも欠点が指摘されだした。その一つは、酒を貯えているうちに木からさまざまな成分が溶出してくることである。たとえば木の匂い、黄色い色、渋味となるタンニンやリグニン、木が一部のアルコールを酸化して生じるアセトアルデヒドなどである。生活の向上にともなって酒への志向が高級化すると、これらの成分を嫌う人も出てくることになり、容器の影響を受けない、日本酒本来の香味が求められはじめた。

また、酒造りの作業に携わる人たちからは、桶を洗うとき、内側の木目に詰まっている微細な汚れまで竹製の刷毛《はけ》で洗わなければならず、この作業はかなりの重労働であるといった苦情も出るようになった。その上、桶には耐久性に限度もあるから、古くなったり酒が滲み出たりしたものは廃棄して新しく造らなければならない。

このような問題点が論じられはじめたのは大正時代初期であるが、それを解消することになったのは、化学工業の発展によって考案された琺瑯《ほうろう》タンクの出現であった。酒蔵に琺瑯タンクが納められた最初は大正一二年で、大手蔵ではその年から次第に容器を替えはじめた。第二次大戦が終わってしばらくたった頃には、灘、伏見といった大手はすべて切り替っていたが、日本経済が急速な復興を遂げはじめた昭和二八年から三〇年ごろには、地方の中小蔵のすべても桶から琺瑯タンクになった。

安価な鉄製のタンクでは駄目なのだろうか。それは、日本酒は極度に鉄分を避けなければならない酒だから許されないのである。もし鉄に接触すると、たちまちのうちに酒の色は赤褐色に変わってしまう。その理由は、麹菌が生成したデフェリフェリクリシンという化合物が米麹の中にごくわずかに存在していて、これと鉄とが出合うとそこで呈色反応が起こり、赤褐色のデフェリフェリクロームが出来るからである。そのため、原料水も鉄分の多いものはまったく不可で、鉄分として〇・〇二ppm（五〇〇〇万分の一）という極微量が限界である。このように厳しい条件に適合する名水は、いくら水の良い日本といってもなかなか出るものではなく、そういう良水の湧くところに造り酒屋が集まることになる。

琺瑯というのは、フリットと呼ばれるガラスの粉末に粘土や陶土を混合し、水を加えてからボールミルで微粉末とした泥漿釉薬《でいしょうゆうやく》を鉄板の表面にスプレーで吹きつけ、乾燥後八〇〇―九〇〇℃の高温で焼きつけてガラス成分を融解固定し、均一な薄い膜（グラスライニング）にしたものである。これで酒は鉄と直接接触することがなくなるので、鉄による着色は防止され、桶とは比較にならないほどの耐久性と使いやすさに優れた容器となるのである。

ところが琺瑯タンクでもときどき失敗が起こる。安心して使っていたところ、突然酒の色が赤褐色に変化して慌てるといった事故で、その原因は、何らかの物理的衝撃が琺瑯タンクに加えられた際、表面のガラスの膜が剥離して、その部分の鉄が剥出しとなったり腐食が始まったりしたためである。小規模蔵では、タンクの数もそう多くないから、ある程度の点検はできようが、大規模な酒造工場では場合によっては見落すこともある。

そのような危険から、最近では大手メーカーを中心として、今度はステンレス製のタンクを導入するところが目立ってきた。これなら、何らの心配もいらず、一層清潔感のある容器というわけだが、なかなか設備投資の要るものなので、今も多くの酒造家は琺瑯タンクでやっているのである。

こうして酒を醸し、育む容器についてみてきただけでも、土から発したものがやがて木に代り、それが琺瑯に移って、今日では総ステンレス製までが使われるようになった。いつの時代にも、日本人が民族の酒をより素晴しいものにしようと絶えず研究、努力していることがよくわかる。

酒を運ぶ器

酒が商品化し、流通しだして以来、運搬用の容器は、大概が土器の酒壺や曲物桶であった。室町時代に入ると柄の付いた小樽が登場し、これを「柳樽《やなぎだる》」と呼んだ。この名称は柳の木とは関係がなく、京の名物酒屋であった「柳の酒屋」が配達用に造った小型の樽だったので名づけられた。杉材を円筒状に組み、竹で編んだ箍《たが》（輪）で締め、底部と蓋を固定したものので、その形状はやや円錐気味の円筒型が一般的であり、この形のものを「縛樽《ゆいだる》」ともいった。

柳樽のほかに酒を入れて運ぶものに「角樽《つのだる》」と「指樽《さしだる》」もあった。角樽は容量一升から三升くらい、把手《とって》を角のように大きくつくり、朱や黒漆などを塗った樽で、現代でも結婚式や祭礼の御祝儀時に使ったり飾ったりする。

指樽のことは、江戸京坂の風俗習慣を記した『守貞漫稿《もりさだまんこう》』に「箱にさしたる酒器也。足利より有りて結樽とともに並び用ひし也」とあり、すでに室町期に出現したとしている。四角い箱という珍しい酒器で、角樽と同じく慶事に使用した。漆塗りの側面に家紋を描いたものや蒔絵の美しいものなどあり、容量は一升から二升くらいである。祝儀用に用いられた樽には、他に「兎樽《うさぎだる》」というものがあり、その名のごとく胴が丸く把手が兎の耳のように長かった。

室町の末期から江戸初期にかけては、樽も次第に大型化してくる。大型の一斗樽に続いて登場したさらに大型の四斗樽は、蔵元より問屋、小売屋へ酒を運んで流通に画期的な役割を果たした樽であった。主として吉野産の杉を使用し、杉の板目や色から「甲付樽《こうつきだる》」と「赤味樽《あかみだる》」の二種に分けていた。出荷に際しては藁《わら》菰《こも》に銘柄を画いた「化粧菰」で巻きあげて、これを「本荷造り」といった。

一升入りの柳樽（左）．一升ビンのなかった昔は，「柳の酒屋」が考案し，配達用に使った柳樽が大いに重宝された．このような樽は，その後明治時代まで使われた

江戸初期には、この樽を二丁馬の背に左右に振り分けて運ぶために、樽二丁を一駄と呼び、一〇駄が商取引の単位

左：角樽，右：指樽

であった。

この四斗樽は江戸、明治、大正を経て昭和の初期ごろまで続いていたが、今日でも祝儀の際の「鏡割《かがみわり》」などにしばしば登場するものである。

大型の樽が主として造り酒屋から問屋、小売屋へと流通専門に用いられたのに対し、小売屋から家庭への運搬は壺や柳樽、瓢簞《ひょうたん》、貧乏樽（柄のついた高さ四〇センチメートルほどの七合入りの樽）などであるが、江戸後期より明治、大正、昭和初期にかけて大きな役割を果たしたのが「貧乏徳利《びんぼうとっくり》」であった。

個人で所有している消費者もあったが、多くの場合は酒屋が所有していてお得意客に貸し出す、貸徳利だったので、酒屋の屋号や酒銘が記されているものが多かった。貧乏徳利にはまた、消費地ごとに徳利の型や産地に特徴があるのも面白いことで、『守貞漫稿』には、「京坂にては五合一升は此とくりを用ふ、貸陶也、丹波製也」とある。京や大坂では丹波、四国は大谷焼、九州は有田と丹波、関東一円から東日本全般では美濃高田焼が広まっていた。貧乏徳利の名は、四斗大樽を買うことができず、貸徳利で酒を小買いする庶民をさしてのものである。

ガラスの一升ビンが登場したのは、明治時代に入ってからである。ガラスは江戸中期から一部で製造されていたから、その後期にはガラス製の酒盃や徳利も造られてはいたが、量は微々たるものであった。まだまだガラス製造の技術が未熟であったためである。

貧乏徳利．珍しい「貸徳利」の形をとっていたので，表面には貸主の酒屋の名が入り（左），裏面には貸出し徳利の番号がついている（右）

ところが明治時代に入ると、文明開化が音をたててやって来て、日常生活に使用できるガラスの生産技術も導入された。政府は、さっそくその技術を大いに推奨しようと、明治九年には官営の品川硝子製造所を建て、主として板ガラスを中心とした建築ガラス材を造りだした。そして明治三〇年に連続式タンク窯や自動成形機といったガラス製品の連続生産プラントが導入されると、酒における流通容器の生産も可能となった。こうして、今日の一升ビンの原型ともいうべきガラスビンに酒が詰められて出荷が始

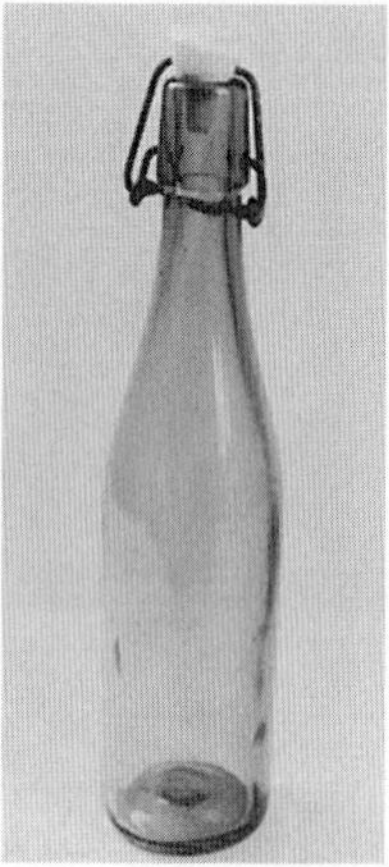
陶栓瓶．最初のころの瓶はまだ複式王冠や打栓機などなかったので，栓は陶製で針金で固定されていた（大正時代）

まったのは、明治三四年のことであった。以後は何度かのモデルチェンジを繰り返しながら、ビン詰の酒は次第に広まってゆく。

しかし、明治末期から大正時代は、地方の隅々にまで大量の酒が浸透していた時であったから、この程度のガラスビンの製造では間に合わず、酒を中心とする家庭用液体の容器はまだまだ徳利であった。昭和四年になって、連続ビン詰機や複式王冠とその打栓機が発明されてから、ガラスビンのビン詰プラントは本格的に動くことになるが、それでもまだガラスビンの不足は解消されず、しばらくの間は樽、徳利との併用が続く。第二次大戦直前の昭和一四年を例にすると、国内の酒流通における「ガラスビン」対「樽・徳利」の比率は、四対六となっている。

ところが第二次大戦中、戦地に酒、醤油、油、酢などを送るための容器は、ガラスビンが最適であるという結論となり、軍需物資の一つとしてガラスビン製造のための研究、開発が緊急課題として進められた。その結果、ガラスビンの連続生産のための方法が急速に進展し、戦争中は各地にガラス工場が俄か造りされるほどだった。こうして第二次大戦が終り、極度な物資欠乏の時代を迎えながらも、昭和二二年には酒の容器の九九％以上がガラスビンに変わっていた。

以来、日本酒がガラス製一升ビンに詰められて、今日まで安定した容器として使われてきた。それは酒質保持という点から、最も理想的な流通容器とされたからである。ただ、一升ビンには「重い」という欠点があった。そのためこれまでの一升ビンの重量である一本一四〇〇グラムを九五〇グラムまで軽量化したが、最近では五三五グラムという超軽量のビンも使われはじめた。

現在、日本酒を入れる容器はさらに変革しようとしている。一升ビンは回収に手間がかかるという理由や、耐用年数（使用回数）などの問題から、使い捨ての容器として紙パックが盛んに出廻るようになったのである。強堅な合成紙の内側にプラスティックコーティングを施したり、紙箱の内側にポリエチレンの袋を入れたもの（バッグインボックスという）などである。

このような紙パックや、アルミニウム缶といった新容器の参入もあって、今日ではガラスビンの比率は流通容器の九〇％にまで低下してきたが、やはり酒は陶磁器の伝統を引く嗜好物であり、一升ビンが今でも根強い支持を受けて流通の主役を守りつづけている。

日本酒の流通にとって容器は非常に重要な意味を持つものであるので、いつの時代でも消費性、流通性、機能性を兼ね備えた容器が目指されていることがわかる。一升ビンに代る容器も、時間をかけて検討していくべきであろう。

酒を飲む器

縄文時代初期の発掘物から見ると、古代人が酒を飲んだ器は土器で、尖底深鉢型のものが多かった。それが中、晩期になると注ぎ口の付いた注口土器《ちゅうこうどき》や、底がどっしりとした後世の船徳利に似た器が出土してくる。

弥生時代に入ると、蓋付の甕《かめ》、壺、鉢《はち》が現われたり、今の盃よりも大型で脚部の高い盃が出土してきたりと、バラエティに富んだ酒器が多かった。その高盃などは神の酒であった古代、神前に供えられたものであったのだろう。

奈良時代に入っても、酒器は祭祀に使われる神饌具として発展し、神社での御神酒盃には素焼きの土器「平瓮《ひらか》」が用いられ、高貴な人の間にもそれが使われていた。

一方、古墳文化後期から奈良にかけて、広く日本各地で造られた陶質土器の須恵器も酒器として大いに使われたが、平安中期から鎌倉初期にかけては陶磁器がそれにとって代った。以後は人為的に釉《うわぐすり》をかけた陶器が中心となっていくが、鉄製や漆器の「銚子《ちょうし》」も登場してくる。このように日本酒をとりまく酒器は長い時代、さまざまな変遷を遂げながら次々と実用的なものやユニークなものが出現してきたが、以下では日本酒の飲酒の際に、昔から常に日本人の手近にあった代表的な酒器として燗鍋、銚子、徳利、盃について述べることにしよう。

燗鍋のこと

日本酒を温めて飲むことは大昔からの習慣の一つで、その理由については次の第八章で述べる。その温め方は、最初は土器に酒を入れ、火の近くに置いて温めた。そのうちに高熱に耐える器が出ると、今度はそれに酒を入れて火の上に置き、熱くして飲んだ。『延喜式』が成立した平安中期には、酒を温めて飲むのは日常的なこととなっていたようだ。その『延喜式』の「内膳司《うちのかしわでのつかさ》」には、酒を温めるのに使った器として「土熬鍋《どごうなべ》」が出てくる。後世の「燗鍋」に相当するものであった。

酒の温め方はこのように、初めは酒を入れた鍋を直接火にかける「直鍋《じきなべ》」（または「直燗《じきかん》」）であったが、その後、間接加温としての徳利の登場によって、湯煎《ゆせん》方式による「燗」が行われるようになったのである。直鍋は江戸時代中期まで暖酒法の主流となっていたが、その理由は中世では鉄製の鍋が最も一般的な厨房器具であったためで、当時は専用の鍋というよりも、炊事用の鍋が酒を温めるためにも使われていたという程度のものである。

酒を温める専用の鍋として「燗鍋」が登場したのは井原西鶴（一六四二―九三年）が活躍

上：燗鍋．左：燗鍋から大盃に酒を注いでいる（井原西鶴『本朝二十不孝』）

していたころで、西鶴の浮世草子にもしばしばこの鍋が登場してくる。『好色一代男』（巻二）に「女郎の手つから燗鍋の取まはし……」とあり、『好色五人女』（巻二）には、お夏と清十郎が飾津浜から上方へ逃れようと乗り込んだ船の中で、「船頭声高に、さあさあ出します。銘々の心祝ひなれば、住吉様へのお初尾とて、杓振って、又頭数よみて、呑むものまぬも七文づつの集銭出し、燗鍋もなくて、小桶に汁椀入れて、飛魚のむしり肴、取急ぎて三盃機嫌」と出てくる。このような情景は西鶴の作品の挿絵に多く登場するが、当時はすでに諸白造りを詳しく記した『童蒙酒造記』（貞享四年）が刊行されていたから、燗鍋に入れられた酒は今日のような澄んで香味の豊かな酒であった。

燗鍋の鋼材はもちろん鉄であったが、宝暦年間の風来山人（平賀源内のペンネーム）による『根南志具佐《ねなしぐさ》』（宝暦一三年、一七六三年刊）には「仏壇の下戸棚からはした銭とり出し、かんなべさげて足も空、どぶ板をふみぬきながら裾をまくつて走り行く」とあるから、燗鍋は酒を温めるだけでなく、酒屋から酒を運ぶ器にも用いられていたようだ。

銚子のこと

燗鍋は把手と注ぎ口のついた鍋であったが、これに蓋が付いた容器はすでに桃山期に現われていた。湯汁を注ぐのに広く使われていたのが、そのうちに酒を注ぐのにも転用されたもので、それを「提《ひさげ》」と言った。酒を注ぐのにだけ使う提は「銚子《ちょうし》」といい、弦状の可動式把手が付いていて、銅、銀、鉄製のほか漆器もあった。

南北朝後期の『庭訓往来』に「銚子」という字が見え、また『和漢三才図会』（正徳二年初巻）によると、本来の銚子とは注ぎ口のある鍋に長い柄をつけた酒器であると記されており、そのうちに把手のついたものも銚子と呼ばれるようになったようだ。寛政から天保（一七八九―一八四三年）の記録である『寛天見聞記』に「酒の器は鉄銚子、漆盃に限りたる様なりしを、いつの頃よりか銚子は染付の陶器と成り」とあり、寛政、天保期には陶製銚子も現われていた。

この銚子というのが、いつの間にか燗徳利と混同されてしまい、今日でも「お銚子一

銚子

本！」などと注文すると、出てくるのが燗徳利であるのは面白い。『守貞漫稿』には「京坂今も式正略及び料理屋娼家ともに必ず銚子を用ひ燗陶を用ふるは稀也。江戸近年式正にのみ銚子を用ひ略には燗徳利を用ふ」とあり、銚子と徳利は明確に区別していた。

ともかく、銚子が本格的に料亭に現われたのは享保から明和（一七一六―七二年）であり、その後に徳利が世に出てから、銚子は主として儀式用、祝儀用の酒器へとその用途が移っていった。それに従い、主として鉄製であった銚子は錫製や染付け色絵の磁器製、美しい漆器製へと変わっていった。結婚式のとき、銚子に入った酒で三三九度を行い、神前で交す夫婦《めおと》の契酒《ちぎりざけ》に思いを馳せる読者も多いであろう。

徳利のこと

燗鍋で酒が温められ、その鍋から直接盃に酒が注がれたりしたが、いずれにせよ酒を鍋に入れて直接火にかける直鍋法は、酒の温度加減の調節が難しいことから、次第に湯煎《ゆせん》法としての燗に変わってきた。その代表容器が徳利である。

壺状の器の頭に細長や口広の注ぎ口をつけたこの容器を「トクル」（トックリ）と呼ぶ初

見は、室町後期に連歌師飯尾宗祇の高弟、宗長が記した『宗長日記』の享禄四年（一五三一年）八月一五日夜の条といわれ、そこには「おりしも範甫老人、まめに徳裏をそへもたせ送らる」とある。

その「トクル」の語源は朝鮮だとされ、『朝鮮陶磁名考』によれば朝鮮語の甕《かめ》である「トクク」か「やや硬質の土器」の意味の「トックウル」から由来したとされている。また、江戸後期の『松屋筆記』（小山田与清著）には「陶口より酒のトクリトクリと出るよりトクリといへる也」とあるが、果たしてトクリの語源は何からきたのか今でも意見の分かれるところである。「トクリ」の呼称が使われはじめたころは「徳裏」「陶」「土工李」「罌」などの字があてられていたが、そのうちに「徳利」と書かれるようになった。

また『貞丈雑記』に、「今徳利と云ふ物を　古は錫といひけるなり　むかしはやき物の徳利なし　皆鍋にて作りたる故すずと云ひしなり」とあり、徳利型の酒器は当初は錫製であったことが知られている。今でも陶製の徳利を「すず」と呼ぶところがあるのはその名残のためであろう。

徳利の原型は、古く『延喜式』にその名の見える神饌具の「瓶子《へいし》」で、中国の宋時代の酒瓶であった「梅瓶《メイピン》」が渡来してのものである。平安時代から鎌倉期に日本各地で数多く造られたが、今でも御神酒が入れられて神棚に供えられている白磁の瓶子を社殿でよく見かけるであろう。

大徳利（左）と徳利（右）．古い時代の徳利は，酒のほかにいろいろなものを入れる容器だったので大型であった

瓶子は神饌具としてだけでなく、酒のみならず醤油、油、酢などの容器にも使用され、酒宴や食生活とも密着していた。室町末期から江戸中期に入って徳利が普及すると、瓶子はいつの間にか「御神酒《おみき》徳利《どっくり》」と呼ばれるようになって、再び神棚に座るようになり、酒を燗する徳利のほうは「酒徳利《さかどっくり》」「燗徳利《かんどっくり》」あるいは単に「徳利」と呼ばれて酒席専門になった。

ただ、「燗」という字の初見は江戸初期の噺本『醒睡笑《せいすいしょう》』とされており、徳利が最初に出た室町後期よりも後であることを考えれば、必ずしも徳利は燗をつけるだけのものでなく、万能の容器と考えたほうがよいのかもしれない。その証拠に、室町期に現われた徳利は、江戸期のものあるいは現代のものに比べると非常に大きく、一升から三升入りという大徳利であった。これではとても燗などできないから、酒や醤油のような液体や穀物を入れる容器としての「トクリ」であったのだろう。

江戸期が下るにつれて、焼物の技術、とりわけ磁器の一般化に伴って、小物を大量に焼く

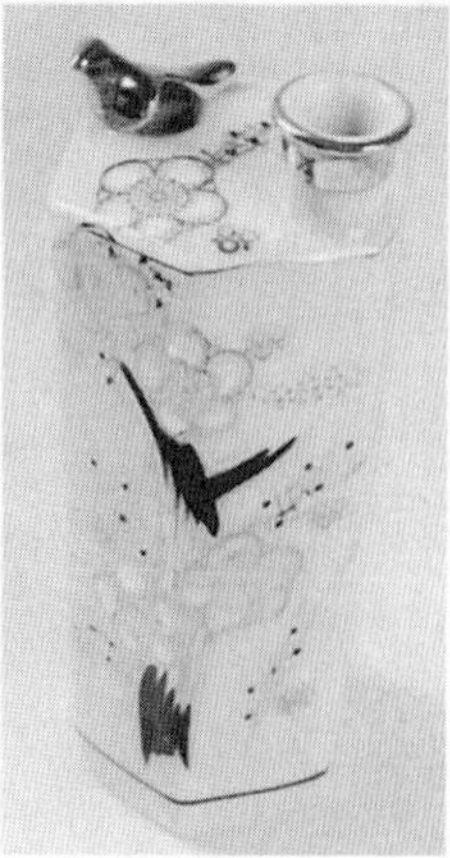

左：船徳利，右：うぐいす徳利

技術や、模様の絵付けなどが進歩したおかげで、徳利も次第に小さくなった。一合入り、二合入りといったものが現われると、それに酒を入れ、徳利ごと湯を張った鍋や鉄瓶に入れて燗付けが行われだした。湯の加減さえ調整すれば、飲む酒の燗具合いは自在であるから、これが大いに流行って酒席に登場し、燗徳利として定着した。

　その後徳利は、用途や形の違いによって次のようなさまざまな変り種徳利まで誕生した。「船徳利《ふなどっくり》」（底部が広く重くできていて安定感があり、揺れる船上で使用されたという）、「傘徳利《かさどっくり》」（ロングスカートをはいたように底部が広がっている安定感のある徳利）、「浮徳利《うきどっくり》」（肉厚の陶器で底が広く重くて倒れにくい）、「らっきょ徳利」（ふっくらとした姿から名が付けられた。小型のものは

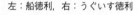

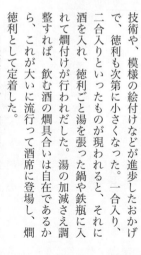

懐石などでの「お預け徳利」として趣味人に愛好される）、「ろうそく徳利」（丹波焼の和ろうそく形の徳利）、「こま徳利」（和ごまのような形の徳利）、「えへん徳利」（徳利の酒が底をついたとき、「えへん！」と咳払いをして今一度酒を注げば、再び数滴がたらたらと垂れてくるという有難い細工徳利）、うぐいす徳利（酒をつぐとうぐいすの鳴き声が聞こえる）、「へそ徳利」（胴の部分がへそのようにくぼんでいる徳利）、「鴨徳利」または「鳩徳利」（野鴨や鳩のような形をした徳利で、囲炉裏の灰の近くに置き酒を温める）、「いぎり」（徳利の底が尖っていて、酒を入れてから火鉢や囲炉裏の熱灰に首のあたりまで突き刺して温めるもの。灰にいぎり込むのでこの名が付いた）。

ほかに花見や川遊び、月見や雪見といった野外での酒宴用として「遊山徳利《ゆさんどっくり》」もあった。錫や厚目の陶器で造った熱の逃げにくい徳利に酒を入れ、綿や木枠で包み、把手のついた保温箱に入れて酒を保温した。

酒盃のこと

「サカズキ」の名は「酒を盛る器」、すなわち「酒坏《さかつき》」（「坏」とは『広辞苑』によると「飲食物を盛るのに用いた椀形の器」）から由来した。その文字は実に五一字にも及び、木製のものには「杯」という字が、また金属製のものには「鍾」や「鎗」が、動物製のものには「觴」「觶」など、また陶製のものには「鬼」「醆」「盞」などの字が用いられるが、本章では

かわらけ．釉（うわぐすり）をかけない素焼の土器であるので酒を盛ると土臭い匂いがする

便宜上、サカズキ全般を指すのに無理のない「盃」（「杯」の異体字）という字を使うことにする。

盃《さかずき》は大昔は土器であった。長野県富士見町井戸尻遺跡群の一つ、高森新道の一号竪穴遺跡（縄文中期）から有孔鍔付土器《ゆうこうつばつきどき》といっしょに出土したのは、カップ状の飲酒器で、神への供献具らしい小椀型土器とともに出土している。その後も土器カップは続くが、大化の改新の「租、庸、調」制度（現物税）が確立した時代、大陸から朝廷への土産物として須恵器が入ってきて、盃もこれで造られるようになった。

当時、須恵器は大陸から渡来した工人が轆轤《ろくろ》を回して造っていたが、その時にはすでに今の盃の形に近いものが造られ、神前に供えられていた。それが今日まで続いている「土器《かわらけ》」（釉《うわぐすり》をかけない素焼の土器）である。京都の松尾神社に参詣すると、拝殿に入る前にお祓いと一緒にこの土器で御神酒をいただくが、その時、器に土臭い匂いを感じる。これは、土器の造り方が当時と同じ穴窯式であるので高温に達し得ず、焼締めが不十分なために土臭がまだ残っているためだ。

その後、再び大陸からもたらされた釉薬をかけて焼く陶磁器の出現によって、土器の盃は消えたが、同時に漆技術の発達により器の表面が滑らかで美しく、しかも洗うのが簡便、酒が滲みない等の利点があるため多くの盃は木製になった。特に室町期より武家の酒礼が重要となり、盃事の決まりが広く行われだすと、漆器は全盛となり、今日の婚礼の三三九度の盃事にまでその流れを残すことになる。

日本酒の酒宴でみられるものに、酒席で一座の者が一つの盃を飲み廻す風習があるが、あれも漆の大盃が出来、主と従の関係を認識しながらも、その一つの盃を酌み交すことで互いが結束する「共食《きょうしょく》の心」（共同で一つのものを体に入れることにより、一体性を成就しえるという考え）から出たものである。そのような時に使われた大盃は、容量ごとに固有の呼称があり、たとえば五合入りは「厳島盃《いつくしまはい》」、七合は「鎌倉盃」、一升は「江島盃《えじまはい》」、一升五合は「万寿無量盃《まんじゆむりようはい》」、二升五合は「緑毛亀盃《りよくもうきはい》」、三升は「丹頂鶴盃」と呼んだ。酒合戦で使われたのも、このような大盃である。

江戸期に入り、今の愛知県の北西部の瀬戸で、陶器に最適な陶土を周辺の黒松で焼き上げた、美しく強固な陶器が大量に生まれた。その焼物を瀬戸焼と呼んだ。瀬戸では古く平安後期、すでに灰色無釉の小皿や小鉢が造られていたし、鎌倉時代に加藤藤四郎が中国に渡って陶法を学び、わが国陶器の起源をなしていた。

江戸中期になってやや衰退するが、文化初年に加藤民吉父子が肥前に行って磁器の製法を学び、帰ってから瀬戸磁器の製造を始めると再び活況を呈し、以後は瀬戸物として一大発展する。使いやすさや大衆性から一気にこの瀬戸物が日本全土に広まると、漆の盃は次第に少なくなり、陶磁の盃である「猪口《ちょこ》」に代った。

猪口という字は当て字で、その語源は朝鮮の陶工がこの盃のことを「チョンク」と呼んでいたのに由来するとの説があるのは、朝鮮語で「チョンク」とは「小さな深い器」または「小さな湯呑《ゆのみ》」の総称だからであろう。猪口はまたたく間に広がった。飲むにも献酬するにも、持ち運ぶのにもまことに都合がよいためで、また瀬戸物の徳利も大量に出廻ったのと符合し、それに便乗する形で大いに愛用されたのである。

もちろん、瀬戸だけでなく伊万里、備前、志野、九谷といった名陶地でも美しい猪口、実用的な猪口が造られていたのは言うまでもない。陶磁製の猪口はその後も永く伝わり、今日でも最も身近な酒器として愛用されている。

猪口が普及してから今日までの間には、さまざまな形や機能を持った盃が登場した。猪口よりは少し遅れて「ぐい呑《のみ》」が現われる。最初は和えものや蕎麦汁《そばつゆ》の容器に使われていた器がやや小型化して、酒盃に転用されたものである。『守貞漫稿』には「猪口にはあへものなどももる」とあって、今でも蕎麦屋では汁を入れる器を「蕎麦猪口《そばちょこ》」というのはその名残である。

また古伊万里の酒盃の中の「なずな手」は、まさに中国大陸、朝鮮半島渡来の茶碗そのものであるが、それを踏襲して酒盃に転用させぐい呑となった。さらに古瀬戸のぐい呑、美濃の志野酒盃、備前、唐津の酒盃など名品として賞美される盃も、日本料理を見事に演出する向付《むこうづけ》（会席料理品目の一つで膳部の向側に配する一品料理を盛る器）として利用されるから美麗に出来上がっているのである。

ぐい呑の名は、「ぐい！」と呑むことによって酒を喉ごしで味わうところから誕生したものであり、この盃でしずしずと啜《すす》って飲むと、口や鼻からアルコール分が勇んで飛び出てきて、酒本来の味わい深さが半減する。

変り種の盃として最も有名なのが「可盃《べくさかずき》」（「べくはい」ともいう）である。江戸末期より現われたもので、盃の底が尖ったり天狗の面のようになったりしたふざけた盃で、酒を飲んで空にしないと倒れて酒が零《こぼ》れてしまうから、下に置けない。底に穴が開いているものもあり、飲みほすまでその穴を指で押えていなければならない。気を許し合った仲間が「可飲《べくのみ》会《かい》」（可盃で飲みあう遊び酒）に使う盃で、「可」の字は、もともと書簡文でたとえば「可レ中候」というように必ず上に置いて下から返して読むことになっており、「下には置かぬ」ことに掛けて付けられた名前である。

ほかに変り種の盃には「馬上盃」というのもある。これはもともと中国の馬上盃を模したものといわれ、口径六センチメートル、高さ一〇——一五センチメートルもある大型の陶磁器で、江戸後期に出た。高台が高く造られているのは、その高台を握って馬上で飲むのに適しているからだというが、実際には馬に乗って酒を飲むというのはごく稀なことであるので、美麗な彩色を施した有名な有田焼の馬上盃のように、賞美用の盃と考えてよいだろう。

そのほか、盃の吸口に仕掛けがしてあって、飲むときに「ピュー」と音が出る「うぐいす盃」は天満宮の土産物として面白く、酒を注ぐと盃の底からウィンクなどした美人が現われる「美人盃」は滑稽であり、見込《みこみ》（内側）や外側に男女の秘画を描いた「春画盃」は飲酒者をニヤリとさせる。

時代は明治になり、経済活動も市中で活発になると、店名や銘柄をデザインした宣伝用の盃が広く出廻った。「富山の毒消売《どっけしう》り」と呼ばれた売薬配達員などは、社名や薬品名などを入れた盃を得意先に配り歩いた。

除隊祝いの盃

地方では、昭和初期まで米寿とか新築など祝いごとがあると、その趣意を印した盃を親しい人に配ったが、中には戦地に向かう人の出征祝いや、無事帰還しての除隊祝い、村と村の合併を記念した盃などもみられ、そのような配り盃には、その時代の社会情勢や習慣などが色濃く反映されていて味わい深いものである。ガラスは江戸中期からごく一部の間で製造され、後期になるとガラス製の酒盃や徳利がぼつぼつ現われたが、その量は微々たるものであった。明治時代に入ると、ガラス製造技術があらためて海外から導入され、ガラス盃も少しずつ使われはじめた。しかし、燗をして飲むことの多い日本酒の場合では、やはり陶器の徳利に合わせた陶製の猪口を選ぶ人が多く、また陶盃は唇との感触がピタリと合ってその情趣を好む人もあって、ガラス製は普及しなかった。

ところで最近、日本酒は香気の高い吟醸酒や、味に幅のある純米酒といった高級酒に人気が集中している。そのような酒は冷やして飲むほうが勝るため、この飲酒法に似合うガラス製の盃がにわかに普及しだした。ガラス盃を冷凍庫でキリリと冷やし、冷蔵庫で冷やしておいた酒を注ぐと、ガラス盃の周りに真っ白に霜が付いて楽しく飲めるなどは現代的な趣があって捨て難い。

盃洗と盃台

酒盃にまつわる酒器として述べておかねばならないものに「盃洗《はいせん》」と「盃台《はいだい》」がある。盃洗とは文字通り盃を洗う器である。集団で食事をする習慣のある日本では、神聖な酒を一つの盃で飲み合うことによって、心と心が結ばれると信じられてきたから、夫婦固めの盃や酒宴で大盃を廻し飲みする風習があった。中でも酒席での献盃やお流れ頂戴といった盃のやりとりは日常的に行われてきたが、そのような盃の献酬のとき、取り交わす盃を洗うのがこの

盃台

器で、磁製の丼または漆器の鉢である。

江戸中期の『寛天見聞記』に「盃あらひとて丼に水を入れ」とあり、また『守貞漫稿』には「盃すましの丼は丼鉢の事なり」とあるように、昔は大きな丼や鉢を盃洗に使ったようだ。現在多く残っているのは、江戸末期や明治時代の盃洗で、特に料亭などで使われていたものには、美しく絵付けされた大鉢や漆器で造られたものが多い。盃洗台に載せられて座敷に運ばれてくるときの舞台効果をねらった、観賞用としての盃洗も多かった。

盃台は盃を載せる台のことで、盃台ということばは盃を敬い、それを支えるという心を表現している。桃山時代の七宝焼きの盃台あたりが最も古いものとされる。江戸を経て明治時代まで造られてきた、心なごむ飲酒道具の一つである。磁器製の盃台には伊万里、九谷をはじめ織部、清水、志野、萩、砥部《とべ》、信楽《しがらき》、平戸などのものが多く、また漆器では輪島、根来《ねごろ》、会津のものが目立つ。

これらの盃台だけを展示した珍しい美術工芸館が和歌山市吹屋町の田端酒造㈱内に、かつてあり、約三〇〇〇点の盃台が収蔵されていた（現在非公開）。その中には、江戸初期の野々村仁清作、江戸末期から明治の陶工の真清水蔵六《ましみずぞうろく》作、江戸後期の名工の永楽保全《えいらくほぜん》作、江戸時代中期・後期の陶工の清水六兵衛作といった名作もあり、珍しいものでは宝暦年間に平賀源内が製作した盃台も展示されている。

酒を飲む器だけでなく、それを洗う器、置く道具にまで工夫をこらすところに、日本酒を愛する人の心がこめられているのである。

第八章　日本酒、その嗜好の周辺

酒の肴をつくる．室町時代のこの武家の台所では，鴨のような野鳥と鯉が卸され，また何種類かの煮物が造られている（『酒飯論絵巻』大倉集古館蔵）

酒の肴

古く日本では、魚介、蔬菜、鳥獣肉などの副食を「菜《な》」と呼んだ。「肴《さかな》」は「酒の菜」から来た言葉で、御飯のときの副食も「菜」と呼び、京坂では「飯菜《めしな》」、江戸では「惣菜《そうざい》」ともいっていた。

面白いことに、「肴」は必ずしも食べものに限らなかった。平安時代から鎌倉時代を経て室町時代まで（八世紀―一五、六世紀）は、長上の者が部下を酒宴に招くとき、「肴」は衣類や武器（刀や鎧《よろい》、甲《かぶと》）などの引出物をさしていた。また主従こもごも、酒宴で歌や舞を出しものとする風習があり、その歌や舞も「肴」あるいは「肴舞《さかなまい》」と呼んでいた。『古今夷曲集』に「肴舞の扇子の風もいやで候今を盛りの花見酒」とあり、歌舞伎狂言の『棒しばり』にも「肴に何ぞ小舞を舞へ」という台詞もみられる。この「肴」という字は、和銅六年（七一三年）の『常陸国風土記』あたりから登場してくる、実に古くからのものである。

膳に盛られる肴の種類は、昔から多岐にわたっているが、時代によって大きな違いがあった。奈良時代から平安時代にかけては、保存食品である魚介類の乾物品「干物《ほしもの》」が主体であった。『延喜式』には、平安京では都の西の市に干物の専門店があって、干鳥《ほしどり》、楚割《すわやり》、蒸鮑《むしあわび》、焼蛸《やきだこ》、干鯛《ほしだい》のほか多くの魚介類の干物や、「削物《けずりもの》」（硬いので削って食べていた）が売られていたとある。

干鳥はキジを主体とする野鳥を干したもの、楚割は魚肉を細く割いてから干したもので、いずれも宮廷の宴に欠かせないものであった。

だが、こうしたものだけに限らず、むしろ質素な添えもののほうが多かったようである。塩、味噌、そして「嘗物《なめもの》」（魚、肉、菜、香辛などを味噌に混ぜて熟したもので、鰹《かつお》味噌、鯛味噌、鳥味噌、胡麻味噌、柚《ゆず》味噌、葱《ねぎ》味噌、生姜《しょうが》味噌、山椒味噌などがある）はよく肴にされた。平安中期の『大和物語《やまとものがたり》』にも「堅い塩、肴にして酒を飲ませむ」とあり、また弘法大師の「御遺言《ごゆいごう》」の中にも塩酒（塩を肴にして酒を飲むこと）を、「酒は是れ治病の珍　風除の宝なり　治病の者には塩酒を許す」としている。以後高野山などでは塩や梅干を肴にして飲む習慣が残った。

鎌倉時代から室町時代になると、干物は少しずつ減り、代って魚や野鳥の焼物、煮物がかなり登場してくる。

江戸時代に入ると肴の数はさらに増え、あらたに刺身や膾《なます》といった生物《なまもの》や、蒲鉾《かまぼこ》、半片《はんぺん》といった練物《ねりもの》、麩《ふ》などが登場し、今日とそう変わりのないものとなってきた。江戸中期の庶民の肴は干魚、佃煮（切り昆布や川えびなど）、煮豆、香のものなどだったが、武士階級ではかなりの肴が膳に並べられている。

元禄六年（一六九三年）四月二九日、名古屋城に勤める下級武士朝日文左衛門の結婚披露宴の献立（『鸚鵡籠中記』）は、「刺身、すずきの煮物、たです、いり酒、九年母《くねんぼ》、わさび、くり、汁、塩鴨、香のものいろいろ、梅干、竹の子、くしこ、焼あゆ、焼物、嶋えび、吹物、鰌《どじょう》、生椎茸、麩、塩辛、筒干、煮〆、がうな、鮓、すずきのわた、水物、なすひしみ、大こん、からすみ、小梅、かずのこ、ほかにいろいろ、酒」であった。

このように酒宴が贅沢になると、膳には魚が多く用いられることになり、次第に「さかな」といえば「肴」よりも「魚」を意味するようになってしまった（それ以前、魚は「うお」または「いお」と呼ばれていた）。

この江戸中期ごろからは、社交としての宴会も一層盛んとなり、芸の面からの肴ももっぱら幇間《ほうかん》や歌妓といった専門の者がこれに当たった。それが今日の芸者にもなり、宴席の最初の「肴舞《さかなまい》」がいわゆる「お座付き」となった。また、客に贈る品も肴であって、これは「引《ひき》出《で》もの」として今日の祝宴にも存続している。このころにほぼ固定された酒宴での酒肴は、その後江戸後期、明治、大正、昭和、平成をへて令和の今日へと引継がれている。

日本における酒席での肴は、日本料理が主体である。たとえば、外国には例のない魚の生食・刺身は、日本料理というよりは酒の肴の代表的なものであるし、反対にビーフステーキとかグラタンなどは日本酒の肴としては馴染が薄い。その刺身にしても、昔は「赤身の刺身には、辛口の酒が合う」とか、「白身の刺身には吸い口の薄い盃でぬる燗がよい」とか、「フグの薄造りはポン酢で○○正宗にピッタリだ」とか、「イカの刺身は、そのイカのあがった港の酒に限る」だのと、肴と酒のとり合わせには大変うるさかった。今日ではそう厳しいことを言わなくなったが、味覚文化の点から考えれば残念なことである。

日本酒は甘口や辛口の区別、純米酒、本醸造酒、吟醸酒といった種別があり、それぞれの酒に料理との相性があるのであるから、酒を生かす料理、料理を生かす酒を上手に選ぶことも酒を楽しむ奥義の一つである。油の多い料理に濃醇な甘口酒ではチグハグで、ここはやはり淡麗な辛口酒か酸味ののった辛口酒が似合うなどと考えて飲《や》りたいものだ。

日本では規則正しく春夏秋冬が巡ってくるから、それぞれ季節に応じて「旬《しゅん》」があり、魚

享和３年（1803）正月の宴の献立

○座附
鯉おろし身，むすびこんぶ，山升（椒）
○硯蓋
二色玉子，薄雲かまぼこ，よせくわい
○二（蓋）もの
蛸和《やわら》か煮，栗むし，さわら，もやし豆，
水前寺のり，新牛蒡，したしわらび
○茶わん
しぐれかまぼこ，若ふき，松露
○さし身
まぐろ作身，水くらげ甘煮，からしみそ，
みる貝，めうど，あさつき，おろし大根
○丼
平貝塩酢，きみやきしいたけ
○丼
丸むきうど，木ノ芽みそ，しら魚
○すまし吸物　こくせう
きんこ，わらび
○鉢肴
甘鯛塩つけやき，くつし芋つけやき，
新しやうが
○丼
いかノ味噌行切，つくししたし物
○二もの
しそ巻さより，茄子しぎ焼，ちよろぎ梅
びしほ
○吸物
あられ麩，ゆすりね
○丼
筍甘煮
○吸物
すりいも，青のり
○丼
べた焼のり，味噌わさび

飛脚問屋島屋（饗応主）とその友人萩之屋翁，狂歌堂真顔，吾友軒米人らが江戸白銀町東林楼で行った正月宴

介、海藻、川魚、野鳥、獣、野菜、山菜、根菜など、広い範囲にわたって実に多くの食材が酒席に顔を出す。とりわけ、海に囲まれた島国ということと、海流の関係から、肴に魚介を抜きにして考えられないのも一大特徴である。鰹《かつお》、鮪《まぐろ》、鯛《たい》、鯵《あじ》、鰤《ぶり》、烏賊《いか》、蛸《たこ》、海老《えび》、鱸《すずき》、鰒《ふぐ》、鰯《いわし》、鯖《さば》、鮃《ひらめ》、鰈《かれい》、鱈《たら》、秋刀魚《さんま》、蟹《かに》、鰆《さわら》、甘鯛《あまだい》、眼張《めばる》、鯒《こち》、鮒《ふな》、鯉《こい》、鮭《さけ》、鰻《うなぎ》、鱒《ます》、鰌《どじょう》、山女《やまめ》、岩魚《いわな》など枚挙にいとまなく、いずれも生でも酢のものでも、煮ても焼いても、日本酒にピッタリと合う。最近では輸入ものが大きな割合を占めているが、これも日本酒と魚との相性の良さの現れであろう。

そのような食法以外に塩辛、海鼠腸《このわた》、鱁鮧《うるか》、熟鮓《なれずし》、くさやといった肴までつくってしまう。「酒盗」という、心にくいほどの肴の名が生まれたのも、日本という気候風土と恵まれた地形から肴が湧きだし、そこに日本酒という酒があったからにほかならない。

日本酒の肴のいま一つの特徴は、醤油の存在に決定づけられることである。刺身にしても、煮物にしても、焼きものにしても、醤油があってこその日本料理であり、肴なのである。あの淡白な豆腐は、冷奴にしても、湯豆腐にしても、日本酒によく合う肴なのだが、それも醤油があってこそのことだといえる。焼魚も、煮〆や煮付けも、醤油なくしてあり得ない。そして、こうした料理を美味にして上品に味付けし、酒の肴とするときに、日本酒そのものを「隠し味」として使うことも大切な秘訣のひとつである。

街のおでん屋、焼き鳥屋、天婦羅屋、寿司屋、鰻蒲焼き屋、牛鍋屋、すき焼屋、ふぐ料理屋、活魚料理屋、串揚屋などで、今日も開店と同時に日本酒を飲む客で賑わう。そして赤提灯、縄暖簾、屋台といったノスタルジックな感覚の中で日本酒が楽しめるのは、日本酒と肴が実に底の深い間柄、言いかえれば阿吽《あうん》の関係だからである。日本酒は、このような肴を通してさらに食事や宴の雰囲気を高めてくれる役割を演じているのである。

甘辛の変遷

日本酒に甘口と辛口があることは、酒飲みならずとも知っていることである。酒の成分上からは、アルコール度数が同じでも糖分が多ければ甘口酒となり、少なければ辛口酒となるのが一応の理屈であるが、乳酸やコハク酸といった酸味成分が多いか少ないかでも甘辛の程度は変わってくる。アルコールの度数は同じで糖分は他の酒より多いのに、唎酒《ききざけ》してみると辛口に唎けるのは、酸味が多いからである。これは舌の味蕾の持つ甘味に対する感受性を、酸味が抑制しているためである。

ある説によると、「景気が良い太平の世には辛口の酒が、乱世や不景気の世には甘口の酒が流行する」という。そのこじつけの理由として、乱世は酒不足のため少量で満足のいく甘口酒が、また酒がふんだんにある太平の世には、飲み飽きしない辛口酒が流行るのだというものである。別の説明では、景気のいいときは肴の品数も豊富であるから、酒はさっぱりしたものが流行り、逆に不景気のときには、少ない肴数でも口が淋しくない濃厚な酒が流行するのだという。

社会の変化と酒の甘辛を照らし合わせて統計をとっていたわけではないから、これらの俗説を裏付けすることはできないが、近年だけをみても、好不況や太平、乱世といった観点を別にすると、確かに日本酒の甘辛は時代とともに変遷している。ここにあげた表は、明治一〇年から平成三年までの一一五年間の甘辛比較（市販酒平均値）である。

明治時代は、時代を通して非常に辛口で、酸味の多い酒、大正時代はその辛さが半減して

近年の日本酒の甘辛の比較

年代	日本酒度	アルコール分(%)	酸度 (ml)	甘辛
明治10年	+16	17.6	4.0	超辛口
37年	+14	16.8	3.7	超辛口
42年	+14	17.9	2.7	超辛口
大正４年	+10	17.5	3.0	辛口
10年	+3	17.4	2.9	やや辛口
昭和５年	−1.4	15.9	2.7	やや甘口
９年	−8.0	16.9	2.7	超甘口
13年	−4	15.7	2.5	甘口
24年	−7	15.6	2.7	超甘口
50年	−5	15.5	1.8	甘口
60年	±0	15.5	1.4	中庸
平成３年	+2	15.5	1.5	やや辛口

日本酒度とは，日本酒の甘辛度を測るのに使う比重計の示す目盛りのことで，（＋）は辛さ，（－）は甘さを示し，数値が大きくなるほどその辛さ，甘さの度合いが増していく．表には出ていないが，奈良時代や平安時代の酒は，味醂のように濃厚な甘味を持ち，その日本酒度は（－）30～（－）40といった超超甘口の酒であった．平成，令和以降，今日の日本酒は本醸造，純米酒，吟醸酒などの大半が＋の辛口である．その背景には日本人の食生活の変化があり，油脂の摂取量が増加し，さっぱりとした辛口酒が好まれるようになったと見られている．

やや甘さが乗った酒、昭和に入ると一転して甘口に移るが、昭和六〇年を境にして今度は辛口傾向が鮮明となり、今日に至っている。

食生活が洋風化して油の消費量が急激に増えたこと、料理（肴）の数が多くなったり、砂糖の甘さが目立ってきたことが、さっぱりした酒を求める要因につながったのではないかと思われる。また、日本酒の敵手であるウイスキーの水割りや焼酎のお湯割りを好む人も多いが、これらは、割って飲む時点でさえ大体が（＋）二〇とか（＋）三〇という超辛口となっており、このような影響も、日本酒を辛口にしている要因の一つと考えている。

酒宴の作法

我が国には昔から「主人設《あるじもうけ》」（「饗設《あるじもうけ》」とも書く）といって、主人が日常世話になっている人や使用人、親戚、友人、近隣所などを客人として迎えてもてなす習慣があった。そのとき酒は主人と客との間に入って、感謝やこれまで以上の交誼を主人の本心として伝える役割を担うのである。ここで行われた酒宴は、家ごとに工夫があったが、その主人設が作法化されたのが、明治時代中期まで続いていた「廻り盃」という集団酒道である。その方法は大略次のようなものであった。

主人を上座にして、客は左右二列に向かい合い膳の前に座る。膳には小盃のほか肴が盛られている。まず大盃に酒が注がれ、その盃で飲み廻す。最初は「お通し」または「順流れ」

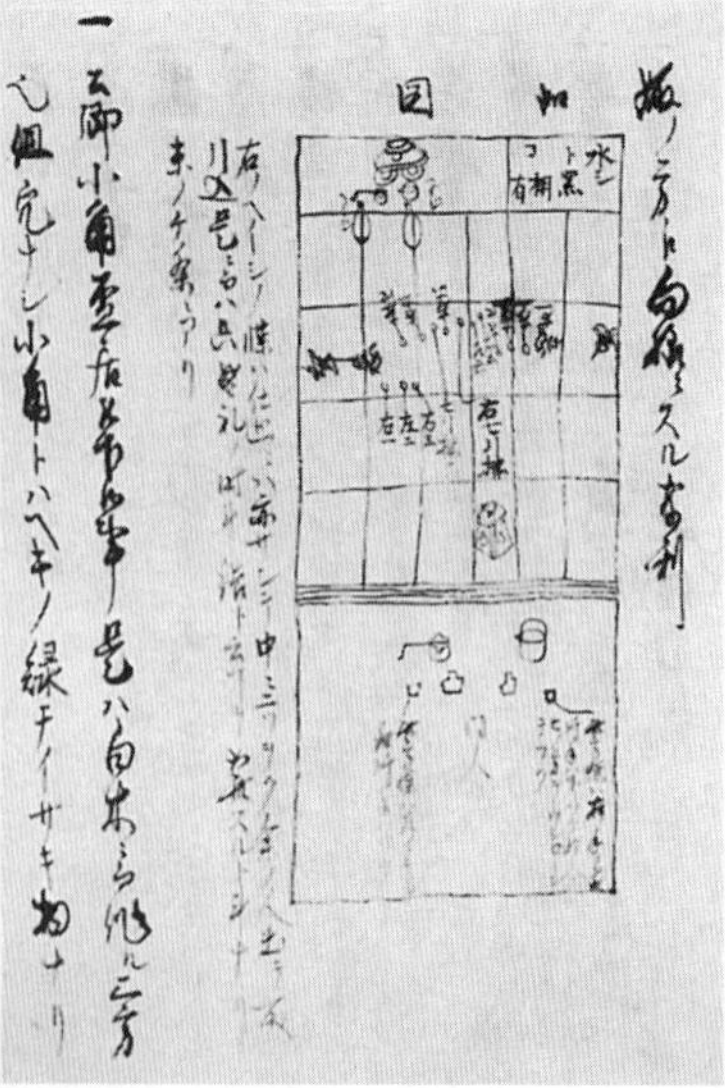

『酌の大意』の一部分．酌の仕方について図解し，その作法を通して酒席の持ち方を修養した．「酒道」の一種（江戸時代後期）

といって、上座から左右互い違いに盃が下っていき、最後まで行くと今度は「上り盃」または「上げ酌」といって下から上に廻し飲みしていく。次はいよいよ本式の酒盛りである。主人側の接伴役には「おあえ」と称する酒の強い者があてられ、主人に代って客一人一人と小盃を飲みあかす。

途中、「お肴舞《さかなまい》」と称して唄や舞を出し、主人、客ともこれを観賞し、肴舞が終わると、今度は客同士が「せり盃」と称して飲み交すのである。最後に主人が礼を述べ、宴は終わる。宴の司会進行役は「肴」と呼ばれる者があたるが、この酒宴の意味するところは互いの礼儀と礼節、けじめを正し、より一層の連帯感を高めようとするところにある。

ところで酒を通して教養を養い礼儀作法を修養させる「酒の道」は、この「廻り盃」だけではなかった。今から三〇年も前のことであるが、私は『酌《しゃく》の大意《たいい》』(副題に『酌の大秘』及び『酌の次第』ともあり、江戸後期のものである)という古文書に出会う幸運に恵まれた。この本は酌の仕方についての作法を図解し、その作法を通して礼儀を教えようとする貴重なものである。酒席における配膳の仕方や酒器の持ち方、酌の仕方、盃の献じ方と受け方などが詳細に説明されている。中には、嫁入り前の女性が嫁ぎ先で失敗しないようにと、酌の仕方や配膳法などを教え込んでいる箇所などもあり、興味深いものであった。

複数人の飲酒において、日本にみられる独特な習慣として「盃のやりとり」がある。「献盃」「盃をうける」「お流れ頂戴」「御返盃」といったもので、「献盃」とは目下のほうから目上へ、おもてなし役からお客へ盃を献ずること、これとは反対に目上やお客様から盃を頂くか請求するときは「お流れ頂戴」である。これは、酒そのものと器である盃を通して親しみをあらわす行為で、まことに日本的な習慣である。

見方を変えれば、日本酒を温めて徳利や銚子に入れ、相手に丁寧に酌《つ》ぐという温かい心が宿る飲酒法であり、一つの盃を仲介に行う間接的な口づけであって、奥床しくも控え目な親睦と愛情の表現ともいえる。人生の門出となる「夫婦の盃」も、三三九度の間接的口づけによって、神前で固く夫婦の契りを交わすものであり、「親子盃」も「兄弟盃」もこのような心理を背景に持った風習であるといえる。

燗酒のこと

日本酒が、いつごろから今日のように燗《かん》をして飲まれるようになったのかに定説はないが、世界の酒飲法からみるときわめて珍しい部類に入る。

先にも触れたとおり、平安時代の『延喜式』（内膳司）に「土熬鍋《どごうなべ》」とあるのは、酒を温めるために使われた小さな銅製の鍋であるとの見方から、その頃から熱い酒を飲んでいたことは確かである。当時はまだ鍋に入れて直火で温めていたようで、専門に燗をする徳利《とくり》が現われたのはずっと後のことである。ただ、平安時代には燗徳利に似た「瓶子《へいし》」があったことは『源平盛衰記』の「鹿ヶ谷の戦い」の条にでてくるので、この瓶子で燗をつけていたことも考えられる。

徳利が出現してからの燗は、季節によって行われたらしく、『温故日録』や『三養雑記』には九月九日の重陽の節句（菊の節句）から翌年三月三日の桃の節句までの間、燗をしたことが記されているが、その当時は「燗酒《かんざけ》」といわずに「煖酒《あたたざけ》」といった。燗という名は『天野政徳随筆』によれば、「今の世酒を飲めるには必ず煖める事也、是れを燗と云へり、冷と熱との間なる故」とあり、『倭訓栞《わくんのしおり》』『三養雑記』にも同様の記述が見られることから判断すると、「熱からずまた冷たからずその間の酒」から由来したのかもしれない。

一年中燗をするようになったのは、瀬戸物の猪口《ちょこ》や徳利がしきりに文献や絵、または実物としてでてくる江戸の中期で、たとえば『寛天見聞記』には、「予幼少の頃は鉄銚子、漆盃に限る、何時の頃よりか銚子は染付の陶器と成り、盃は猪口と変じ」とあり、また『守貞漫稿』にも「盃も近年は漆盃を用ふる事稀にて磁器を専用とす、京坂も燗徳利は未だ専用せざれ共、磁盃は専ら行はるるなり」とみえる。なお酒器については第七章で詳しく述べた。

ところで日本酒をなぜ温めて飲むようになったのかは、明らかでない。ただ、中国では、寒い時には温酒、夏には冷酒で飲んだことが多くの書に記されている。たとえば白楽天は「薬銚夜傾残酒暖」「林間暖酒焼紅葉」とうたい、また趙《ちょう》循道《じゅんどう》は「紅火炉温酒一盃」と詠み、そして元結《げんけつ》も「焼柴為温酒」という有名な詩の一節で、晩秋から冬にかけて酒を温めて飲む情景を詠んでいる。

野外酒燗器．家の外の宴でも，温かい酒を飲もうと考え出された．真中に煙突があり，左右に酒の入った徳利を入れ下部の丸い穴から炭火を入れると，ヤカンの中の湯が熱くなり燗がつく

白楽天の「小盞吹醅嘗冷酒」にみられるように、春から夏にかけては冷酒を飲んでいた。李賀《りが》が「不暖酒色上来遅」といっているように、おそらく寒いときには、はやく体が暖まるように酒を温め、夏に熱い酒はさらに暑

さをよぶから冷酒にしたという単純な理由からだろう。日本での暖酒もはじめはこのような理由から行われだしたものと思われる。

日本酒を温める第二の理由は、東洋的な医学思想を背景にした自然な食法、たとえば『養生訓《ようじょうくん》』などにみる教えも根底にあったのだろう。貝原益軒は次のように戒める。「およそ酒は冷たくして飲んではよくないし、熱くしすぎて飲んでもよくない。なまぬるい酒を飲むのがよい。冷たい酒は痰を集め、胃をそこなう。丹渓《たんけい》は酒は冷飲に宜しといったが、多く飲む人が冷酒を飲むと脾臓をこわす。少し飲む人も、冷酒を飲むと食気をとどこおらせる。およそ酒を飲むのはその温かい気をかりて、陽気を補助し、食のとどこおったのをめぐらすためである。冷酒を飲むとこの二つの利益がない。ぬる酒が陽を助け気をめぐらすのに及ばない」。すなわち冷酒は体によくないという考え方も、燗をする要因の一つになったのだろう。

第三の理由は、客に対する温かいもてなしという心づかいから出た飲酒法であるということだ。燗をしてもてなすという習慣が一度出来上がると、「燗をした」という行為が、酒に手を加えてから客にさし上げるという礼儀として定着する。そうすると手を加えない冷酒を出すのは失礼であるという考えに結びつき、燗をする習慣が続いてきたのであろう。

このほか、日本酒は麴を使った酒であり、冬造られたものが夏を越すと熟成して風格を増すところから、そういう酒を温めると、口当たりがまろやかでコクが乗るといった理由で燗を好んだ人もいたのだろう。さらに、燗をすると刺身や酢のもの、煮魚など肴との相性が良くなるという人も少なくなかった。

そして最後の理由は、飲む速さと酔いの速さを調整するためでもあったのではないか。「親の意見と冷酒《ひやざけ》は後からきく」の譬《たとえ》の如く、冷酒は喉《のど》ごしがよいからどんどん入っていって、後から急に酔いが来ることが多く、悪酔いの原因にもつながるが、熱い酒であると、味も香りもアルコール分もとても強く感じるので、チビリチビリとやることによって、酔い加減にバランスがとれるからである。

ところで最近は、燗にこだわる人が少なくなってきた。冷蔵庫の普及で日本酒を冷やして飲むことが長く続き、これまでの習慣にとらわれずに日本酒とつきあう人が増えてきたためである。かつて日本酒には、「燗上り」のする酒（燗をすることにより酒が良く感じられる）と、「燗下がり」のする酒（燗をすることにより酒が不味に感じられる）とがあるといわれていたが、今日のように高い精米歩合と低温発酵で造った酒は、燗の有無にかかわらず常に安定した香味を発揮できるので、従来のようにそう燗にこだわる必要はない。むしろ吟醸酒のように上品な味と高い芳香を持った酒は、冷やしてすばらしい酒なのである。冷やでも燗でも、好みによって自由に日本酒とつき合って、そのすばらしさにふれてほしいものである。

遊び酒

日本は四季がはっきりと区別されているので、四季それぞれの美しさを生かした優雅な「遊び酒」が昔から行われてきた。

冬の代表は雪見酒。『十訓抄《じっきんしょう》』にある白河院の風情あふれる雪中盃はあまりにも有名で、これ以後雪見酒の宴は雅遊・粋遊の極とされる。

春は花見酒。古く奈良、平安の宮廷貴族中心の風流な観花宴がある。桃山時代、豊太閤の醍醐の花見などは歴史に残る豪華な園遊の宴であった。徳川時代に入ると、家族や友人、隣近所による大衆的なお花見の宴会。「花より団子」どころか花を肴に酒を飲み「酒なくてなんの己れが桜かな」と相なる。

夏は川の流れを木陰でながめ、川辺の舟での遊び酒。

秋は月見酒である。上杉謙信は春日山での陣中に観月の宴を張り、即興で「霜は軍営に満ちて秋気清し　数行の過雁月三更　越山幷せ得たり能州の景　遮莫《さもあらばあれ》家郷の遠征を憶ふは」(『九月十三夜』)と歌った。秋口は九月九日の「重陽の宴」(菊見の宴)、一〇月五日の「残菊の宴」などもあった。野外酒は今日でも花見や芋煮会、月見会の形で残っているが、自然の美しさ、雄大さの中で酒を飲むことにより、少しでも自分が自然に溶け込み、一体となることに目的があるのは、今も昔も変わらない。

遊び酒の中には、酒客同士が打ちとけあい楽しく賑やかにすごすものもある。「罰酒《ばつざけ》」はその代表で、「ヨヨイノヨイ！」で知られる「じゃん拳」や「野球拳」では負けたほうが酒を飲まなければならない。また、「ひいふうさんッ！」でじゃん拳し、二回連続して負けると「一本負け」となって立会人から罰酒を飲まされるもの（主に九州地方）や、箸を細かく折って、一人がその切れ端の幾つかを片手に握り隠して「何個？」と数を当てさせ、当たらなかったら答えたほうが、当たったらきいたほうが、一杯飲まなければならない（土佐地方）というものもある。罰酒の歴史は古く、平安時代、宮中で正月一八日に恒例の賭弓（賭射）が行われ、このとき勝者が敗者に罰酒を飲ませた記録が『醍醐天皇御記』や『公事根源』に残っている。

泥酔．いつの世にも，このような人はいるものである
（『酒飯論絵巻』室町時代．大倉集古館蔵）

日本人の酔態

飲食に関する嗜好物は数限りない中で、致酔作用を持つのは酒だけである。飲むと酩酊し、日常からの解放感を酔態として現わす。その状態は昔からさまざまな名で呼ばれてきた。江戸時代の俗語、俗諺を集めた『俚言集覧《りげんしゅうらん》』には「酔つぼらひ」「酔ひど

れ」「生酔《なまよい》」などの言葉が出てくるし、「みじか夜やねもせぬ酒の二日酔」「あしけれどのみてなほさん二日酔今日さめがゐの水さきさけ」と、「二日酔《ふつかよい》」という語も見られる。室町時代から江戸初期までは、二日酔いのことを「余酔《よすい》」または「沈酔《ちんすい》」といっていた。同じ『俚言集覧』には「むかへざけ」（「牟加閉左計」「迎酒」）という言葉もすでに登場している。さらに、へべれけに酔った状態を「泥酔《どろよい》」というが、これは平安時代中期の『宇津保物語』に、「泥の如酔ひて、足をさかさまに、倒れよろぼひつつ」とあるから、こちらも大変古い言葉である。

わが国にはまた、酒の好きな人を「上戸《じょうご》」、飲まない人を「下戸《げこ》」ともいう。この言葉そのものは大変古い。文武天皇（六九七―七〇六年）の時代の『大宝令《たいほうりょう》』に、六人以上の家を「上戸」、四、五人の家を「中戸」、三人以下を「下戸」と定めて納税額の階級を区別していた。それが基本となって、たとえば「庶民婚礼上戸八瓶下戸二瓶」というように、民戸の上下によって酒の出し得る量に差をつけていた（『群書類要《ぐんしょるいよう》』巻三）こと、また『持統記《じとうき》』にも上戸、中戸、下戸により酒の出入りする数を指定されていることなどからみると、このころの酒の割当て量に由来した言葉だとみることができる。

酔態については『類聚名物考《るいじゅめいぶっこう》』や『つきぬ泉』などに「泣上戸」「笑上戸」「怒上戸」「酣《さかかり》」「蛇之助《じゃのすけ》」「盗み上戸」「底ぬけ上戸」「猩猩《しょうじょう》」「飲ぬけ」などが出てくる。このように酔態をよく観察して、日常のさまざまなものに表現し、ある意味ではそれを酒飲みの戒めともしていたのであろう。なお西欧には「猿酔い」「獅子酔い」「豚酔い」「笑いかわせみ」「羊酔い」「山羊《やぎ》酔い」「狐酔い」などと、動物の姿や行動で表現する例が多い。

酒への戒めとしての諺も、昔から多く見られるのも面白い。「親の意見と冷酒《ひやざけ》は後からきく」（『俚言集覧』）は説明は不要だろうが、「生酔本性違わず」（『俚言集覧』）は「酒に酔っても、もともとの性質は変わらない」という意味で、同意諺に「酔って本心忘れず」「上戸本性違わず」がある。「酒が酒を飲む」（『倭訓栞《わくんのしおり》』）は、「酒飲みは、酔いがまわればまわるほどますます酒を飲む」ということで、同意諺に「人酒を飲み、酒人を飲み、酒酒を飲む」がある。いずれも戒め、警告の諺である。また「酒盛って尻切られる」は「酒をご馳走したのに逆に乱暴される」ことで、恩を仇で返されるたとえである。

酒の功罪とその意識

貝原益軒の『養生訓』の中に「酒は天の美禄」という言葉があり、そこには「酒は少し飲めば陽気を補助し、血気をやわらげ、食気をめぐらし、愁いをとり去り、興をおこしてたいへん役にたつ。またたくさん飲むと酒ほど人を害するものはほかにない。ちょうど水や火が人を助けると同時に、また人に災をするようなものである」と訓じている。

酒の誕生以来今日まで、酒の功罪は人間にとっての大テーマの一つである。日本では世界に例がないほど酒にさまざまな異名をつけているが、その多くが酒の功罪を表現するものと

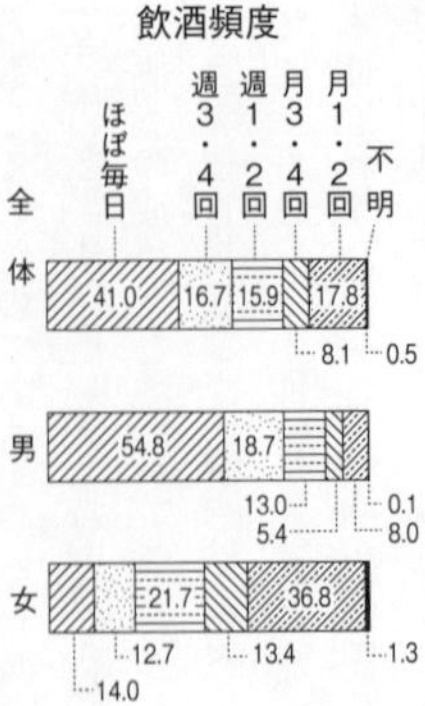

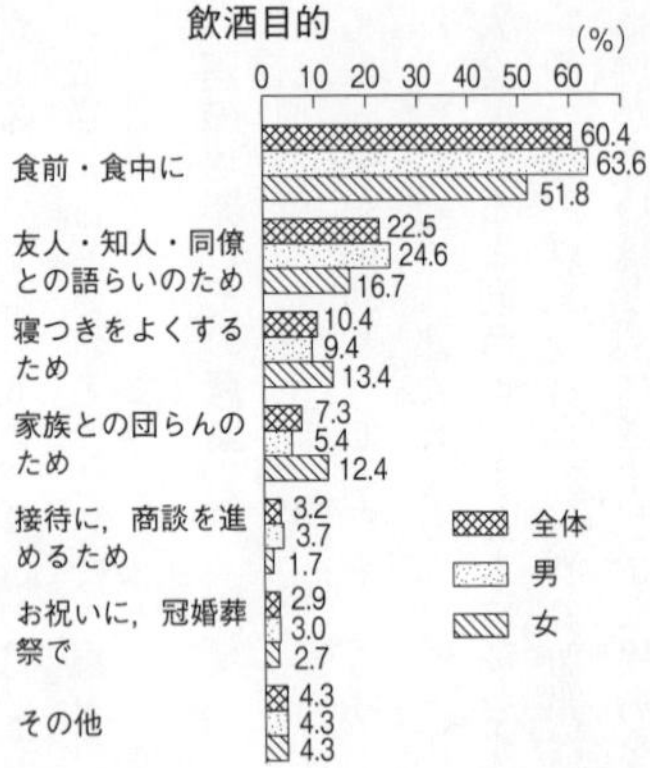

なっているのは、このことを常に気に留めてきた表われなのであろう。功のほうには「百薬長《ひゃくやくのちょう》」「歓伯《かんぱく》」「薬王《やくおう》」「海老《かいろう》」「瑞露《ずいろ》」「富水《ふすい》」「忘憂《ぼうゆう》」「祛愁使者《きょしゅうししゃ》」「来楽《らいらく》」「喜金《ききん》」「般若湯《はんにゃとう》」（智恵の飲み物の意）「王液《おうえき》」など、また罪としての異名は「気違い水」「万病源《まんびょうのもと》」「狂水《くるいみず》」「地獄湯《じごくとう》」「狂薬《きょうやく》」など、それぞれに枚挙にいとまがないほど沢山ある。

適当な飲酒は、アルコールによる軽い麻酔作用が働いてストレスが解消され、気分転換になるという精神的効用と、アルコールの刺激によって胃の働きが活発となり、食欲の亢進に絶大の効果がある。このことは外国に「食前酒」（アペリティフ）があるのと同じように、日本に「晩酌《ばんしゃく》」があるのも決して偶然ではない。ただ晩酌をアペリティフと同一視するのには無理がある。

晩酌はもともとは、家父長制あるいは男尊女卑的風習、横座《よこざ》（主人が常に座る座）の存在とお膳の上げ下げといった食事形態など、過去の封建的生活を背景としてそこから生じた主人の特権なのであった。一日の仕事を終えた主人が、家族を前にしてこの日最大の楽しみである酒を独酌するとき、肉体的疲労と精神的ストレスが一気に解消されるという、いわば主人の特権発揚の独壇場であるのに対し、アペリティフは一つのテーブルを囲んで家族が食欲を大いに高め、食事を楽しもうとする酒なのである。もっとも、晩酌という日本独特の飲酒習慣は、今日では封建的なイメージも薄れて家族的なものになってきた。その理由は核家族化、生活様式の都市型化、生活の洋式化によるものである。とにかく適度な酒は、食欲の亢進や肉体

『酒餅論』．酒と餅とが両陣営に分かれて合戦する物語．いわば「甘党対辛党」，「上戸対下戸」の心理と主張が巧みに含められている

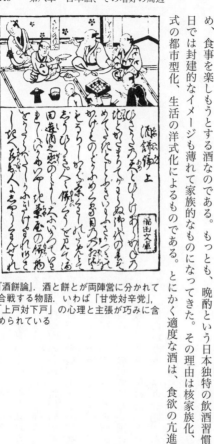

的、精神的疲労の回復に効果があるほか、人と人との融和や親睦には覿面《てきめん》の効果をもたらすという、はかり知れない役割を担っているのである。

一方、害のほうは、酒を持つ国の共通した問題である。過度の飲酒が長びくと胃腸障害、肝臓病、肥満と糖尿病、心臓病、アルコール依存症といった病気を引き起こす直接の原因になるので、今日では多くの国々がアルコール飲料の流通に何らかの行政指導を加えている。この点ではわが国は欧米諸国より遅れている点も多々あり、酒を文化の一つとしてさらに育てていくためにも、早急に取り組むべき課題であろう。

飲酒の十徳

『百家説林』	狂言『餅酒』
(1)礼を正し	(1)独居の友
(2)労をいとい	(2)万人和合す
(3)憂をわすれ	(3)位なくして貴人に交わる
(4)鬱をひらき	(4)推参に便あり
(5)気をめぐらし	(5)旅行に食あり
(6)病をさけ	(6)延命の効あり
(7)毒を消し	(7)百薬の長
(8)人と親しみ	(8)愁いを払う
(9)縁を結び	(9)労を助く
(10)人寿を延ぶ	(10)寒気に衣となる

古く室町時代の狂言『餅酒《もちさけ》』の中に「酒の十徳」が、また『百家説林』に「飲酒の十徳」が述べられており、それらを摘記したのがここに示した表である。これをまとめてみると、古文書に共通する酒の効用とは、「労を助く」「労をいとう」というように疲労の回復や「愁いを払う」とか「鬱《うつ》をひらく」にみられる精神の安定、ストレス解消、「延命の効」とか「人寿を延ぶ」という睡眠の促進（快眠は長生きにつながるという考え方が当時は強かった）、「位なくして貴人に交わる」「推参に便あり」「人と親しむ」「万人和合す」としたコミュニケーションづくりであることがよくわかる。このような考え方は今日でも十分に通じる

ものであるから、不定愁訴に悩む現代人も、このような酒の効用をよく理解して、豊かで充実した生活を送ってほしいものである。

おわりに

酒は人類の造った嬉しい文化の一つである。さまざまな民族には大抵この文化があり、国民はそれに誇りと憧れ、親しみと浪漫を寄せながら長い歴史の中を育ててあげてきた。日本民族も大昔から、主食の米を原料とし、この地球上でも類い稀なる名水を仕込み水とし、この国特有の気候風土を巧みに応用しながら、麹菌による民族酒の文化を造り上げた。

幸いにしてこの国は、四方を海に囲まれながら東アジアの最東部に位置する「陽の出る島国」であり、その上、長い間、外国とは政治的、経済的、文化的にも断絶に近い状態で近世までやって来たので、この国の酒は他民族文化の影響を受けることなく、日本人独自の手によって思いのままに育てられてきた履歴を持っている。その意味において日本酒は、はっきりとした「日本人による日本人のための酒」であって、陸続きの民族が自国の酒を持つといっても、その間には何らかの共通性や類似性があるのとは意味を異にするほど、純粋な民族の酒ということができる。本書では、このような民族酒について述べ、われわれの祖先が、いかに自らの酒を育てあげ、愛してきたかについて語った。

近年、この「国酒」ともいうべき日本酒に対抗して、ビール、ウイスキー、ワインといった類がどっと入ってきて、あれよあれよという間にこの小さな日本列島に蔓延した。新幹線に乗ってみても、ウイスキーの水割りや生ビールの車内販売がひっきりなしに来ることはあっても、ほどよく燗を付けた日本酒やギンギンに冷えた吟醸酒が来たためしはなく、まして寿司屋に行ってさえも、ウイスキーやブランデーのボトルキープは殿堂入りさながらの感があるのに日本酒はほとんど見当たらず、旅に出てホテルの冷蔵庫を開けてみて、これまた日本酒が入っていないのに失望し、「はてここは日本だったかいな？」という錯覚にすら陥りかねない有様になった。

こうなった背景には、日本人の生活様式の変化やそれに伴って生じた食に対する保守性の低下、多分に日本酒業界の努力不足などが重層し合ったことがあろう。しかし、日本酒は日本人の酒であり、日本の文化の一つなのであるから、われわれはもっとこの酒を理解して、教養の一つとするべきである。ウイスキーの水割りや、ビールのガブ飲みがいけないと言っているのではない。日本酒をじっくりと味わいながら、この国の食文化の良さもまた知ってほしいのである。その意味でこの本が、そのような機会をつくるきっかけとなれば、本書の役割は十分に果たせたものと信じる。

なお、本書を書き上げるのに際し、格別のお世話をいただいた中央公論社佐々木久夫氏に深甚なる感謝の意を表する。また、主として次の文献は大変参考になり、心から感謝している。

『日本醸造協会誌』（日本醸造協会・日本醸造学会）
『日本の酒の歴史』（加藤辨三郎編、研成社）
『日本の酒５０００年』（加藤百一著、技報堂出版）
『酒類の社会文化面における調査研究』（アルコール健康医学協会飲酒文化を考える会編）

本書に掲載した写真等に協力いただいた各位および、東京農業大学醸造博物館に深く感謝する。

一九九二年一〇月

小泉武夫

学術文庫版あとがき

日本酒の世界は、どんな民族にも誇れる万国に冠たるものである。本書では、この民族の酒の周辺の事例を示し、そのひとつひとつを述べてきた。そこから見えるのは、まさに日本人の発想は底なしであり、そこに漂う数々の知恵は、この民族に独自の酒文化を築かせたことでもわかる。

「一国の酒を見れば、そこの民族の歴史の深さや文化の程度を測る物差しになる」と言われる。読者の多くが、日本酒のはかり知れない深い文化性と知恵の豊かさを秘めた酒であることを本書からくみとっていただいたと自負している。そしてそこから、この民族の酒がいかに素晴しいものであるかをあらためて認識されれば、本書の役割は十分に果せたものと思う。

ところで、この民族の酒の誕生に決定的であったのは、第一章で述べた麹酒の登場である。「麹」とは穀物に糸状菌（有用カビ）が繁殖したものをいうが、その麹を使った酒造りは日本だけでなく東南アジアや東アジアの国々にもある。ところが日本以外のそれらの国々は、全てクモノスカビという糸状菌を使っているのに対し、日本のみが麴菌（コウジカビ）

で麴を造り、日本酒を醸している固有性を持っている。

なぜ日本のみが麴菌で酒造りをするのかというと、麴菌はとてもデリケートな糸状菌で、日本の気候や風土、さらには稲作と水田といった主食作物の栽培など日本固有の地理的要因《ジィオグラフィー》と生態系《エコロジー》と完璧に適合していて、日本にしか生息していないからである。

その麴菌は日本酒のみならず、焼酎や味噌、醬油、味醂《みりん》、米酢なども全てこの麴菌で造るのである。そのため麴菌は、日本の食文化を構成する礎《いしずえ》となっているので、二〇〇六年に「国菌《こっきん》」に指定されたのである。その国菌を使って民族の酒である日本酒を造る独自性に、この国民は大いに誇りを持つべきである。政府は国菌の麴菌を使った日本の酒を近くユネスコの無形文化遺産に登録する準備を進めていることは誠に心強いことである。

ところで、近年になって日本酒は大きく変貌した。それは先ず酒質の改良である。従来は「うま口」や「濃い口」などといって味の濃厚な酒が主流であったが、酒造好適米の育種や高精白米の使用、低温発酵の確立、麴菌の選択《せいたく》と製麴技術の進歩などによって飲みやすい「淡麗辛口」や「吟醸造り」といった、すっきりした味の酒になったのである。それが功を奏して日本酒の人気は高まり、若い女性まで含めて広く浸透してきたのである。

さらに最近では、目まぐるしいほどの日本酒の海外進出である。フルーティな芳香と綺麗な味が好まれて、海外でもワイン愛好家を中心に好まれてきた結果、ここ一〇年間（二〇一〇年から二〇二〇年）では連続して輸出量が前年を更新し、輸出金額も二四〇億円（二〇二〇年）にまで膨んできた。

このように、日本酒が新しい時代に入った今こそ、わが民族はこの神秘に満ちた国酒《こくしゅ》の過去と現在を教養のひとつとして学び、文化遺産としての日本酒の知識を身に付けるべき時機に来たものと思うのである。

二〇二一年七月

著　者

KODANSHA

本書は一九九二年一一月に中公新書より刊行された
『日本酒ルネッサンス 民族の酒の浪漫を求めて』
を改題、加筆修正したものです。

小泉武夫（こいずみ　たけお）

1943年，福島県の酒造家に生まれる。東京農業大学農学部醸造学科卒業。醸造学，発酵学専攻。農学博士。東京農業大学教授，国立民族学博物館共同研究員，㈶日本発酵機構余呉研究所所長などを経て，東京農業大学名誉教授。『発酵』『超能力微生物』『食あれば楽あり』『納豆の快楽』ほか著書多数，講談社学術文庫に『漬け物大全』がある。

講談社学術文庫

定価はカバーに表示してあります。

日本酒《にほんしゅ》の世界《せかい》

小泉武夫《こいずみたけお》

2021年11月9日　第1刷発行
2023年4月24日　第4刷発行

発行者　鈴木章一
発行所　株式会社講談社
東京都文京区音羽2-12-21 〒112-8001
電話　編集（03）5395-3512
販売（03）5395-4415
業務（03）5395-3615

装　幀　蟹江征治
印　刷　株式会社広済堂ネクスト
製　本　株式会社国宝社
本文データ制作　講談社デジタル製作

ISBN978-4-06-526315-0

「講談社学術文庫」の刊行に当たって

これは、学術をポケットに入れることをモットーとして生まれた文庫である。学術は少年の心を養い、成年の心を満たす。その学術がポケットにはいる形で、万人のものになることは、生涯教育をうたう現代の理想である。

こうした考え方は、学術を巨大な城のように見る世間の常識に反するかもしれない。また、一部の人たちからは、学術の権威をおとすものと非難されるかもしれない。しかし、それはいずれも学術の新しい在り方を解しないものといわざるをえない。

学術は、まず魔術への挑戦から始まった。やがて、いわゆる常識をつぎつぎに改めていった。学術の権威は、幾百年、幾千年にわたる、苦しい戦いの成果である。こうしてきずきあげられた城が、一見して近づきがたいものにうつるのは、そのためである。しかし、学術の権威を、その形の上だけで判断してはならない。その生成のあとをかえりみれば、その根は常に人々の生活の中にあった。学術が大きな力たりうるのはそのためであって、生活をはなれた学術は、どこにもない。

開かれた社会といわれる現代にとって、これはまったく自明である。生活と学術との間に、もし距離があるとすれば、何をおいてもこれを埋めねばならない。もしこの距離が形の上の迷信からきているとすれば、その迷信をうち破らねばならぬ。

学術文庫は、内外の迷信を打破し、学術のために新しい天地をひらく意図をもって生まれた。文庫という小さい形と、学術という壮大な城とが、完全に両立するためには、なおいくらかの時を必要とするであろう。しかし、学術をポケットにした社会が、人間の生活にとってより豊かな社会であることは、たしかである。そうした社会の実現のために、文庫の世界に新しいジャンルを加えることができれば幸いである。

一九七六年六月

野間省一